Activités Géométriques
autour des polygones et du nombre d'or

Tome II

R. J. M. VINCENT

Dynamique de l'innovation

Textes adaptés
par
Michèle ROBERTS

Mes remerciements à

Suzanne AGOSTINI
Thérèse CATY
Didier et Suzanne COUTURIER,
Adrien, Quentin et Eléonore
Christian HAKENHOLZ
Pascal et Cédric JOUNIAUX
Marc THÉROND
Christiane VINCENT
Françoise VINCENT

Première édition décembre 2003

© Les Editions ARCHIMEDE, 2003
5 rue Jean Grandel
95100 Argenteuil
www.librairie-archimede.com
ISBN 2-84469-033-5
Photo et illustrations : droits réservés

Ouvrage du même auteur :
Activités géométriques Tome I septembre 2003
Les Editions ARCHIMEDE
Nombre d'or et créativité septembre 2001
Géométrie du nombre d'or juin 1999
CHALAGAM édition

© Les Editions Archimède 2003
Toute représentation ou reproduction, intégrale ou partielle, faite sans la consentement de l'auteur, ou de ses ayant-droit, ou ayant-cause, est illicite (loi du 11 mars 1957 alinéas 2 et 3 de l'article 41 du Code de la Propriété Intellectuelle}. Cette représentation ou reproduction, par quelque procédé que ce soit, constituerait une contrefaçon sanctionnée par l'article L. 335-2 du Code de la Propriété Intellectuelle. Le Code de la Propriété Intellectuelle n'autorise, aux termes des les articles 425 et suivants du Code pénal, que les copies ou reproductions strictement réservées à l'usage privé du copiste et non destinées à une utilisation collective d'une part et, d'autre part, que les analyses et les courtes citations dans un but d'exemple et d'illustration. Le photocopillage, c'est l'usage abusif et collectif de la photocopie sans autorisation des auteurs et des éditeurs, Largement répandu dans les établissements d'enseignement, le photocopillage menace l'avenir du livre, car il met en danger son équilibre économique, Il prive les auteurs d'une juste rémunération.

SOMMAIRE

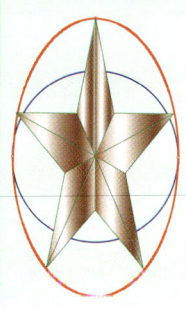
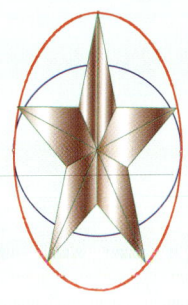

Préfaces	2
Méthode 13/8	3
Tracés de base	5
Tracés simples	9
Matrices de décoration	35
Exemples de décoration	69
Lexique	74
Index	77
Conclusion : Prenez la route !	78

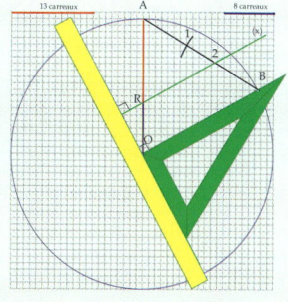
Tracés de base
page 5

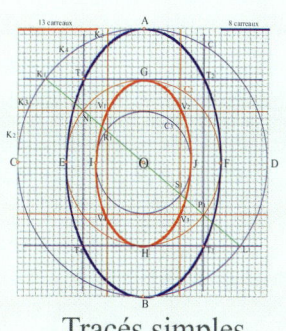
Tracés simples
page 9

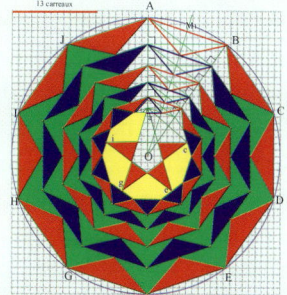
Matrices de décoration
page 35

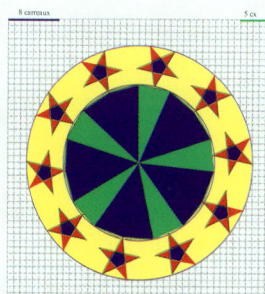
Exemples de décoration
page 69

Préfaces

Depuis de nombreuses années, au Collège d'Aubagne où j'enseigne les mathématiques, nous travaillons en interdisciplinarité (Histoire, arts plastiques, et mathématiques) à propos du Moyen Âge avec des classes de cinquième. J'interviens sur les constructions géométriques, et fais souvent apparaître le nombre d'or, à l'aide de la règle et du compas et de la corde à nœuds. Lors d'une recherche de documents, j'ai découvert le livre de Robert VINCENT intitulé Géométrie du Nombre d'Or.

En juin, les enseignants de mathématiques de la région étaient conviés à des conférences données à l'IUFM de Marseille. Je me suis empressée de m'inscrire à celle portant sur le nombre d'or et dont l'intervenant était Robert VINCENT, ce qui m'a permis de faire connaissance avec cet homme passionnant et passionné.

Il m'a proposé d'intervenir dans une de mes classes et nous avons pris rendez-vous pour novembre. À la date prévue, il est venu faire travailler mes élèves de cinquième pendant deux heures. Les enfants étaient fascinés, surpris même, d'arriver à réaliser de si beaux tracés.

Suite à cette intervention, Robert Vincent a eu l'idée de faire un livre proposant des constructions plus accessibles aux élèves. Il a notamment décidé de donner des consignes simples et d'utiliser le quadrillage.

En novembre de l'année suivante, il est venu dans une autre classe de cinquième tester ce nouveau livre. Quelle réussite ! La géométrie, trop souvent rébarbative pour les élèves, devenait source de beauté ! Quel plaisir de voir les élèves découvrant l'importance de la précision et du soin à apporter pour réussir la construction. Même les élèves s'affirmant eux-mêmes nuls en géométrie se sont pris au jeu et n'étaient pas peu fiers de leurs chef-d'œuvres.

Le travail remarquable réalisé par l'auteur pourra être utilisé pour faire plusieurs études telles que art et géométrie dans différentes cultures, entre autres. Il pourra également servir de vérification dans de nombreux domaines.

Aux professeurs de mathématiques de partir de ces constructions pour faire, par exemple, découvrir des rapports égaux (au nombre d'or, bien sûr !), pour faire mesurer des angles, etc., et ainsi redonner une place importante à la géométrie si formatrice. Notre rôle n'est-il pas de donner à nos élèves le goût d'apprendre, le goût de faire, le goût de réussir ?

Merci à Robert VINCENT de nous aider dans notre métier d'enseignants en nous rappelant que notre rôle est bien de faire passer des connaissances mais aussi de montrer que l'on peut avoir du plaisir à apprendre.

Suzanne AGOSTINI, Professeur de mathématiques

Les vocables section d'or, spirale d'or, rectangle d'or, mais aussi triangle sublime, triangle divin, divine proportion ont toujours suscité la curiosité, l'engouement dû au mystère qui entoure le métal, souvent sacré et l'appel au divin. Les secrets des bâtisseurs dans l'art de la décoration et du choix des proportions harmonieuses font également parti des envies de découverte chez chacun d'entre nous. L'un des témoignages de ces secrets, au delà des constructions et oeuvres utilisant cette connaissance, se trouve dans les instruments de mesure utilisés par les bâtisseurs romans (canne ou quine des bâtisseurs). Leur réalisation passe par la découverte du nombre d'or. L'ouvrage de Robert VINCENT a cette même ambition : utiliser la valeur de la section dorée pour réaliser des matrices de décoration combinant géométrie et esthétique. Comme chez les bâtisseurs romans, l'auteur privilégie l'approche de la réalisation pratique plutôt que celle théorique. Sa méthode, basée sur l'approximation du nombre d'or par le rapport de termes de suites de Fibonacci, permet de jolies réalisations qui, bien qu'approximatives sur la méthode, sont tout à fait remarquables. C'est la raison essentielle de cette publication.

L'Editeur

Méthode 13 / 8
Inédite, ingénieuse, fiable, ... et élémentaire

C'est une méthode de tracés géométriques dont l'originalité repose sur les propriétés de la suite de Fibonacci que Robert VINCENT combine avec deux formules d'Al Kaschi et une utilisation judicieuse du papier quadrillé.

Ce qu'il vous faudra :
- du papier quadrillé (24 cm x 32 cm)
- une règle plate graduée transparente de 30 cm
- une équerre graduée transparente de 20 cm et
- un (ou même deux) compas à vis micrométrique.

Dans tous les tracés proposés dans cet ouvrage on trouve, directement ou indirectement, le nombre d'or :

$$\Phi = (1 + \sqrt{5})/2 \approx 1,618....$$

Le signe ≈ signifie approximativement égal à.

On trouve Φ directement dans le pentagone, dont le rapport diagonale / côté = Φ, et plus de 20 fois dans son réseau de diagonales qui donne naissance au pentagone étoilé. On le trouve aussi dans le décagone dont le rapport rayon du cercle circonscrit / côté = Φ.

Pour tous les autres polygones, on fait intervenir Φ indirectement en partageant les côtés en moyenne et extrême raison.

Partage en Moyenne et Extrême Raison

C'est une notion aussi essentielle que simple.
Un point E partage un segment [AB] en moyenne et extrême raison si, et uniquement si
$$a/b = (a+b)/a$$

Le produit dit en croix de cette proportion :
$$a^2 = b(a+b) \quad (1)$$
reflète le fait que le produit des termes extrêmes ($a \times a$) est égal au produit des termes moyens [$b \times (a+b)$], d'où l'appellation de partage en moyenne et extrême raison (raison ici dans le sens de proportion). Ce partage sera désigné par les lettres PMER dans tout le texte.
On peut démontrer algébriquement ou géométriquement que les deux rapports a/b et (a+b)/a sont égaux à Φ.

Voici une démonstration algébrique : il est clair que b n'est pas nul. En divisant les deux termes de l'égalité (1) par b^2, on obtient $a^2/b^2 = (a+b)/b$ soit $(a/b)^2 = a/b + 1$. a/b vérifie donc l'équation $x^2=x+1$. La racine positive de l'équation $x^2-x-1=0$ est $(1+\sqrt{5})/2$. C'est la valeur de Φ.

La suite de Fibonacci : ... , 8, 13, 21, 34, ...
Vous avez utilisé ces nombres pour la construction de vos tracés dans le Tome I des Activités géométriques. Cette suite de nombres, qui vous a permis de trouver les Points MERveilleux d'un polygone, a deux propriétés très importantes :
1. Chaque membre de la suite est la somme des deux membres précédents.
2. Le quotient de deux termes consécutifs de la suite est **sensiblement** égal à 1,618...
Étude du quotient de deux termes consécutifs : on a 21/13 = 1,615, c'est-à-dire Φ (1,618...) à 3/1000 (trois millièmes) près. De même, 13/8 = 1,625 ou Φ à 7/1000 près et 8/5 = 1,6 ou Φ à 18/1000 près. L'épaisseur de la mine du crayon ou du compas (en général 0,7 mm) compense aisément cette approximation.
Plus généralement, ce qui est utile pour les tracés, c'est d'avoir deux nombres entiers (a et b) dont le rapport soit peu différent de Φ pour pouvoir partager un segment [AB] en moyenne et extrême raison avec une bonne approximation. Un traitement sur tableur permet aisément d'obtenir a connaissant b puisque $a = b \times \Phi$.

b	b*Φ ≈ a	a	a/b	a/b-Φ
5	8,090	8	1,600	-0,018
6	9,708	10	1,667	0,049
7	11,326	11	1,571	-0,047
8	12,944	13	1,625	0,007
9	14,562	15	1,667	0,049
10	16,180	16	1,600	-0,018
11	17,798	18	1,636	0,018
12	19,416	19	1,583	-0,035
13	21,034	21	1,615	-0,003
14	22,652	23	1,643	0,025
15	24,271	24	1,600	-0,018
16	25,889	26	1,625	0,007
17	27,507	28	1,647	0,029
18	29,125	29	1,611	-0,007
19	30,743	31	1,632	0,014
20	32,361	32	1,600	-0,018
21	33,979	34	1,619	0,001
22	35,597	36	1,636	0,018
23	37,215	37	1,609	-0,009

Les suites de nombres obtenues en prenant une seule fois chaque nombre dans les colonnes a et b en respectant les couleurs sont des suites de Fibonacci :

5, 8, 13, 21, 34...
6, 10, 16, 26...
7, 11, 18, 29....
9, 15, 24...
12, 19, 31...
14, 23, 37...

Pour les valeurs listées et par série de nombres de même couleur, on se rend compte que les meilleures approximations de Φ sont obtenues par les termes encadrés en jaune, c'est à dire avec les nombres de la suite 5, 8, 13, 21, 34... Viennent ensuite ceux encadrés en vert. Les termes de cette suite sont utilisés de temps en temps dans ce livre, pour certaines constructions de PMER. Les autres pourraient l'être à l'occasion.

Suite de Fibonacci et PMER

Soit [AB] un segment à partager en moyenne et extrême raison par un point E (à partir de A).
En utilisant les valeurs du tableau, on a :
(1) Si   [AB] = 34 unités, alors   [AE] = 21 unités.
(2) Si   [AB] = 21 unités, alors   [AE] = 13 unités.
(3) Si   [AB] = 13 unités, alors   [AE] = 8 unités.
(4) Si   [AB] = 16 unités, alors   [AE] = 10 unités.
(5) Si   [AB] = 10 unités, alors   [AE] = 6 unités.
etc.
En partant de B on peut obtenir un second point du segment qui réalise un partage en moyenne et extrême raison.
Dans cet ouvrage, l'unité utilisée est le petit carreau.

La formule d'Al Kaschi : $a^2 = 2r^2(1 - \cos A)$
Elle établit le rapport entre la longueur du côté a d'un polygone régulier, le rayon r de son cercle circonscrit et la mesure A de son angle au centre. Elle est utilisée pour remplir le tableau ci-dessous.

La Méthode 13/8 ($13/8 \approx \Phi$)
Pour les polygones de 5 à 13 côtés, Robert VINCENT a déterminé r (ou a) en fonction de a (ou r) (pour les valeurs 13 ou 21). Voici un extrait du tableau établissant ces valeurs :

		H	r = a/H	a = Hr
côtés	A	$\sqrt{2}*\sqrt{(1-\cos A)}$	a=13 car	R=21 car
13	27,7°	0,4786	27,16	10,05
10	36°	0,6180	21,03	12,98
9	40°	0,6840	19,00	14,36
8	45°	0,7654	16,99	16,07
7	51,4°	0,8678	14,98	18,22

Le PMER d'un côté se fait alors en plaçant un point à 13 ou 8 unités d'une extrémité du côté de longueur a. Si la longueur du côté du polygone est autre que 21 ou 13 carreaux, le PMER se fait, soit à partir de segments de 13 et 8 unités portés sur un diamètre du cercle circonscrit, soit en utilisant (4) ou (5).

Chaque tracé obéit à une ordonnance. La forme qui en résulte devient active et évolutive parce que porteuse d'une dynamique capable d'engendrer des formes nouvelles. Une pratique régulière de ces tracés favorise l'assimilation des canons du nombre d'or qu'ont suivis les bâtisseurs égyptiens, grecs, romans ou contemporains et tous les maîtres des Arts Appliqués.

À VOUS !

Ou trouve-t-on la suite de Fibonacci ?

Dans des oeuvres humaines : le théâtre d'Epidaure

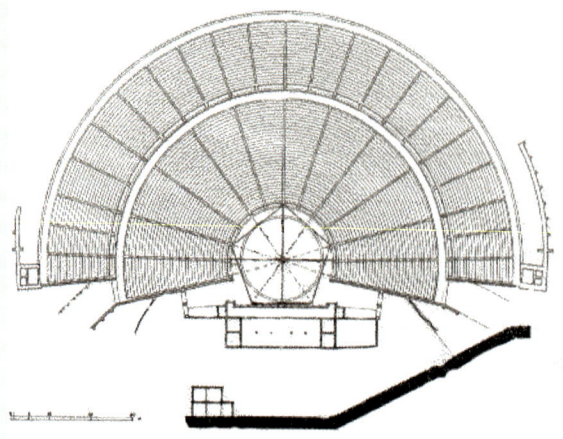

Construit en Grèce à la fin du IVème siècle avant JC, autour d'un pentagone régulier imaginaire. Il comporte 13 escaliers desservant les 55 gradins répartis en deux blocs de 34 et 21 gradins.

Dans la nature : quelques exemples
Lors de la croissance de certains végétaux, on peut remarquer la constance d'apparition de nombres appartenant à la suite de Fibonacci : par exemple, dans la pomme de pin, on retrouve

5 spirales dans le sens des aiguilles d'une montre et 8 dans le sens opposé, ou 8 et 13 chez l'ananas ou même 34 et 55 pour le tournesol.

Une utilisation des triangles sublimes et divins

En assemblant deux triangles divins ou deux triangles sublimes, on obtient des losanges qui permettent certains pavages du plan ayant quelques particularités...

On obtient un pavage de Penrose.

On peut reconnaître certaines formes rencontrées dans ce livre.

Tracés de base

Ce que vous devez savoir faire de façon automatique

Avec une règle et un compas :

1. Tracer la bissectrice d'un angle

2. Tracer la médiatrice d'un segment ou, ce qui revient au même, déterminer le milieu d'un segment

3. Abaisser une droite perpendiculaire à une autre droite (ou à un segment) passant par un point donné

4. Élever une droite perpendiculaire à une autre droite (ou à un segment) passant par un point situé sur cette droite

5. Mener une droite parallèle à une autre droite (ou un segment) passant par un point extérieur à cette droite (ou ce segment)

Avec une règle et une équerre :

6. Élever ou abaisser une droite perpendiculaire à une droite donnée

7. Mener une droite parallèle à une droite donnée

Avec une règle et un compas

1 Tracer la bissectrice d'un angle.

Soit un angle $\widehat{xOy}$ et le point A situé sur Ox.

L'arc de centre O de rayon OA coupe (Oy) en B.

Avec le même rayon OA,
l'arc de centre A coupe l'arc de centre B en C.

C est à égale distance de A et B il est donc sur la médiatrice de [AB]; le triangle OAB est isocèle, de sommet principal O, donc la médiatrice et la bissectrice sont confondues, d'où :
(OC) est la **bissectrice** de l'angle $\widehat{xOy}$ et partage cet angle en deux angle égaux : $\widehat{yOz} = \widehat{zOx}$.

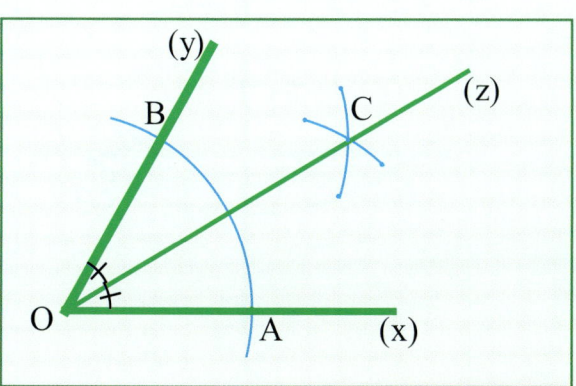

2. Tracer la médiatrice d'un segment ou déterminer le milieu d'un segment.

Soit le segment [AB] sur une droite (d).

Le cercle de centre A de rayon AB coupe le cercle de centre B de même rayon aux points C et D. Sur la figure, on ne trace que les arcs utiles. On peut choisir tout autre rayon supérieur à 1/2 AB.
* On utilise la propriété caractéristique :
Tous les points situés à égale distance des extrémités d'un segment sont sur la médiatrice de ce segment.

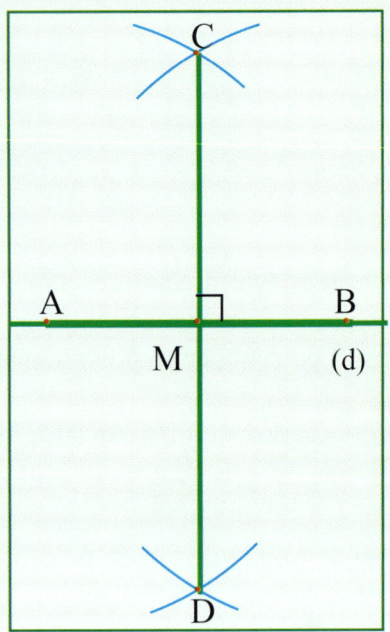

(CD) est donc la médiatrice de [AB] ; c'est la droite passant par le milieu de [AB] perpendiculaire à (AB).

D'ou, si on appelle M le point d'intersection de (CD) et (AB), M est le milieu de [AB].

De plus (CD) est perpendiculaire à (AB).

Par ce tracé de la médiatrice d'un segment, on trouve à la fois le milieu de ce segment et la droite perpendiculaire à ce segment en son milieu.

Le point de rencontre des médiatrices de deux côtés d'un polygone régulier est le centre du cercle circonscrit à ce polygone. Un rayon de ce cercle est le segment qui joint le centre à l'un des sommets.

3. Abaisser une droite perpendiculaire à une autre droite par un point donné.

Soit (d) la droite et P le point.

Un cercle de centre P de rayon de longueur supérieure à la distance de P à la droite (d) coupe cette droite en deux points A et B. On a PA = PB donc le point P appartient à la médiatrice de [AB]. Il suffit donc de compléter le tracer de la médiatrice de [AB].

Les cercles de centre A et de centre B de même rayon se coupent en R. RA = RB donc R appartient également à la médiatrice de [AB]. La médiatrice de [AB] est perpendiculaire à (AB) d'où :
[PR] est la perpendiculaire à [AB] passant par P.

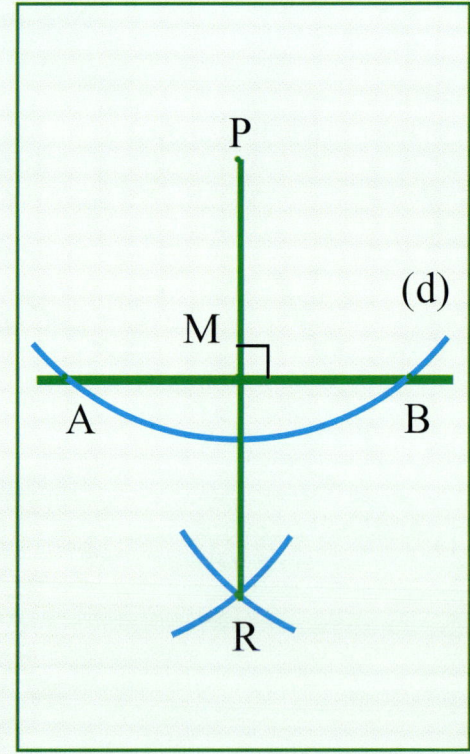

[PR] est la **perpendiculaire** à [AB] abaissée, ou issue, de P.

4. Élever une droite perpendiculaire à une autre droite passant par un point situé sur cette droite.

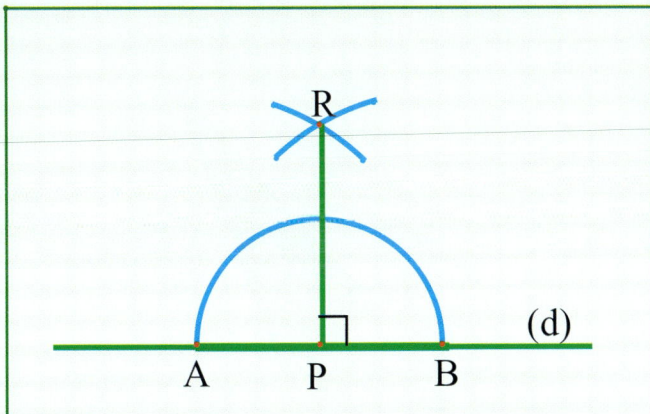

Soit la droite (d) et le point P sur cette droite.

Un arc de centre P de rayon quelconque (voir tracé) coupe la droite (d) aux points A et B. P est le mileu de [AB]

L'arc de centre A de rayon AB coupe l'arc de centre B de même rayon en R.

(PR) est la médiatrice de [AB]. C'est la **perpendiculaire** à la droite (d) élevée du point P.

5. Mener une parallèle à une droite passant par un point extérieur à cette droite.

Soit (d) la droite et A le point.

Du point A, abaisser la droite perpendiculaire à la droite (d) (voir tracé 3). On obtient le point B.

On choisit un point C sur la droite (d).

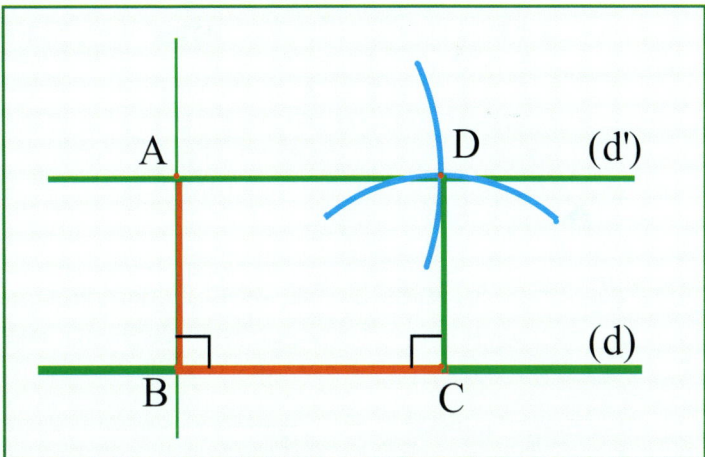

Le cercle de centre A et de rayon BC coupe le cercle de centre C et de rayon AB en D (et en un autre point, inutile ici).

La droite (d'), qui passe par les points A et D, est parallèle à la droite (d).

On remarque que [CD] est perpendiculaire à la droite (d) et parallèle à (AB).

Avec une règle et une équerre

6. Élever ou abaisser une droite perpendiculaire.

Placer la règle sur la droite (d) et l'équerre sur la règle.

- Si vous êtes droitier, l'angle droit de l'équerre doit être placé à droite (comme au point A).
- Si vous êtes gaucher, l'angle droit de l'équerre doit être placé à gauche (comme au point B).

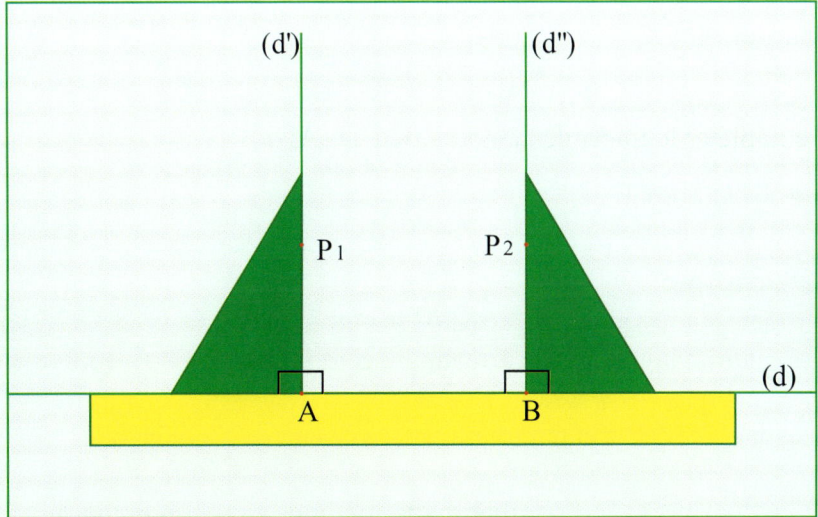

- Pour élever une perpendiculaire à la droite (d) à partir d'un point (A ou B, par exemple), placer l'angle droit sur les points A ou B
- Pour abaisser une erpendiculaire d'un point P_1 ou P_2 sur la droite (d), placer le grand côté de l'équerre de telle sorte qu'il passe par les points P_1 ou P_2

7. Mener une droite parallèle.

Pour tracer la parallèle R(x) à [SB] :
- Placer le grand côté de l'équerre sur [SB], l'angle droit en S
- Placer la règle le long du petit côté de l'équerre
- Faire glisser l'équerre le long de la règle et l'amener au point R

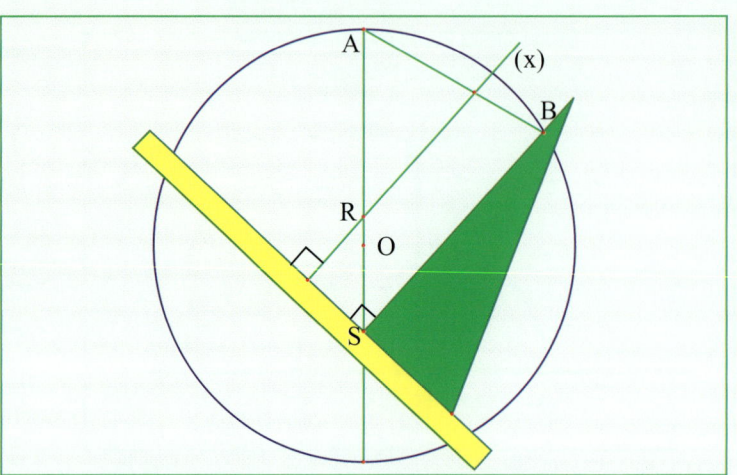

Utilisation de fonctions affines

pour déterminer le côté en fonction du rayon.

Le tableau de la page 4 donne le coefficient directeur H de la droite donnant le coté a d'un polygone régulier de n côtés connaissant le rayon r du cercle circonscrit. Son équation réduite est a=Hr.
Pour n = 9, H = 0,684. En représentant cette fonction dans un repère orthonormé, voir figure ci-dessous, on peut déterminer les points de cette droite à coordonnées entières (de façon approchée). Ils permettent de réaliser un tracé du ploygone en utilisant du papier quadrillé.

On trace la représentation graphique de la fonction linéaire y = ax .
y représente le côté du polygone, a = $\sqrt{2} * \sqrt{(1 - \cos A)}$, et x = longueur du rayon.

pour n = 9 (ennéagone), l'angle mesure 40° d'où a = 0,684.

La droite passe par l'origine et par le point d'abscisse 10 carreaux et d'ordonné 6,84.

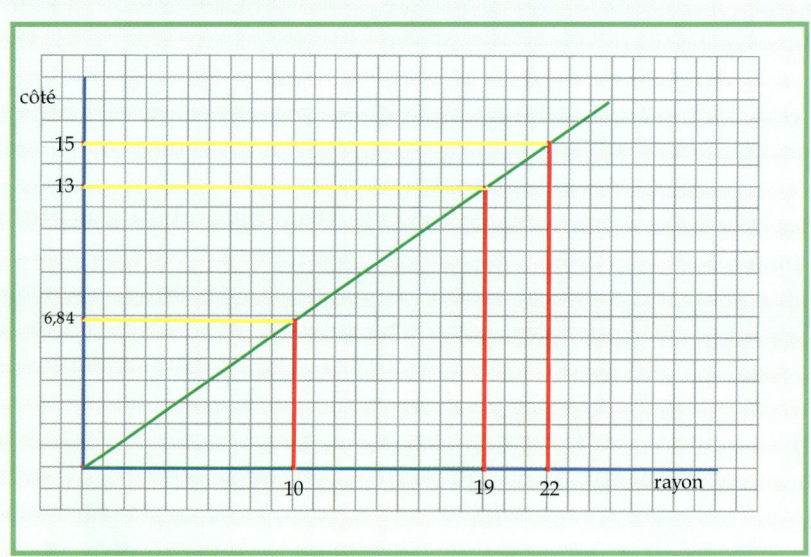

On remarque :
- pour un rayon de 19 carreaux, le côté = 19 x 0,684 = 12,996 ≈ 13 carreaux
- pour un rayon de 22 carreaux, le côté = 22 x 0,684 = 15,048 ≈ 15 carreaux

Ces mesures permettent un tracé satisfaisant de l'ennéagone.

Pour tout polygone régulier, cette méthode graphique conduit à déterminer des couples utiles à la construction sur du papier quadrillé.

TRACÉS SIMPLES

Rose à cinq festons
Oculus de baie de cathédrale

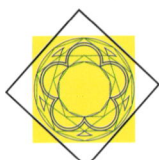

1-01 Un ami fidèle...

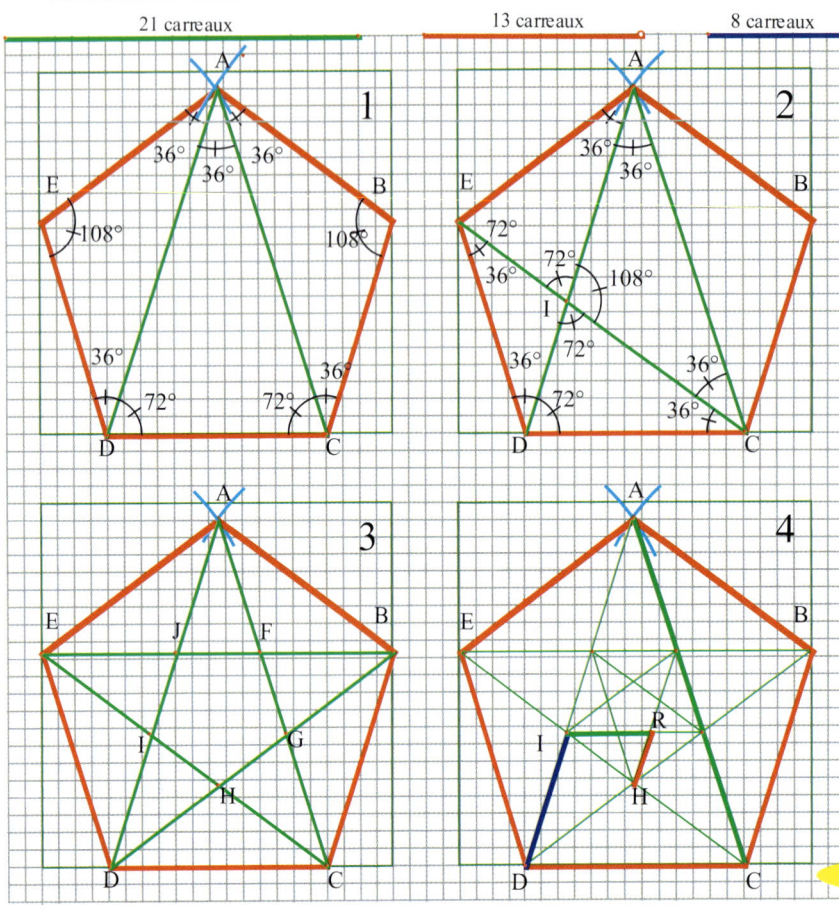

Le pentagone régulier : vous connaissez !

Vous l'avez connu dans le Tome I des Activités géométriques et il est devenu votre ami.

Voir les Tracés **7** et **8 Tome 1**

Les quatre pentagones réguliers ci-dessus ont des côtés de 13 carreaux et leurs diagonales font 21 carreaux. On remarque que le rapport diagonale/côté = Φ. 21/13 ≈ Φ.

Découvrons d'autres trésors :

Pentagone 1
Les diagonales [AC] et [AD] divisent le pentagone en trois triangles isocèles : DAC, DEA et ABC.

- <u>Triangle DAC</u>. Le grand côté est la diagonale du pentagone et la base est le côté du pentagone. Dans ce triangle, côté/base ≈ Φ. On appelle ce triangle un triangle sublime.

- <u>Triangles DEA et ABC</u>. Ces deux triangles sont égaux. Leur base est une diagonale du pentagone et leurs côtés sont des côtés du pentagone. Dans ces triangles, le rapport base/côté = Φ. Ce sont des triangles divins.

Pentagone 2
Une autre diagonale, [EC], du pentagone engendre de nouveaux triangles d'or (sublimes et divins).

    Triangles sublimes   Triangles divins
    DAC, ACE, EAI et DCI   DEA, ABC, CDE, AIC et EID

Pentagone 3
Le pentagone étoilé inscrit dans le pentagone régulier ajoute encore des triangles d'or.

    Triangle sublimes   Triangles divins
EBD, ADB, BEC, GAB, BCF, CDG, DEH   BCD, EAB, BJD, CFE, EHB, AFB, BGC
ABJ, DCI, EDJ, AEF, JAF, FBG, GCH, HDI, IEJ…   CHD, DIE, EJA, et d'autres encore …

Pentagone 4
Beaucoup de petits nouveaux mais surtout, la mise en évidence du rapport des côtés des différents triangles d'or :
AC/CD = CD/DI = DI/IR = IR/RH ≈ Φ.

Les longueurs de ces cinq segments représentent les mesures de la quine des bâtisseurs (voir Lexique).

1-02 Triangles d'or

sublimes et divins

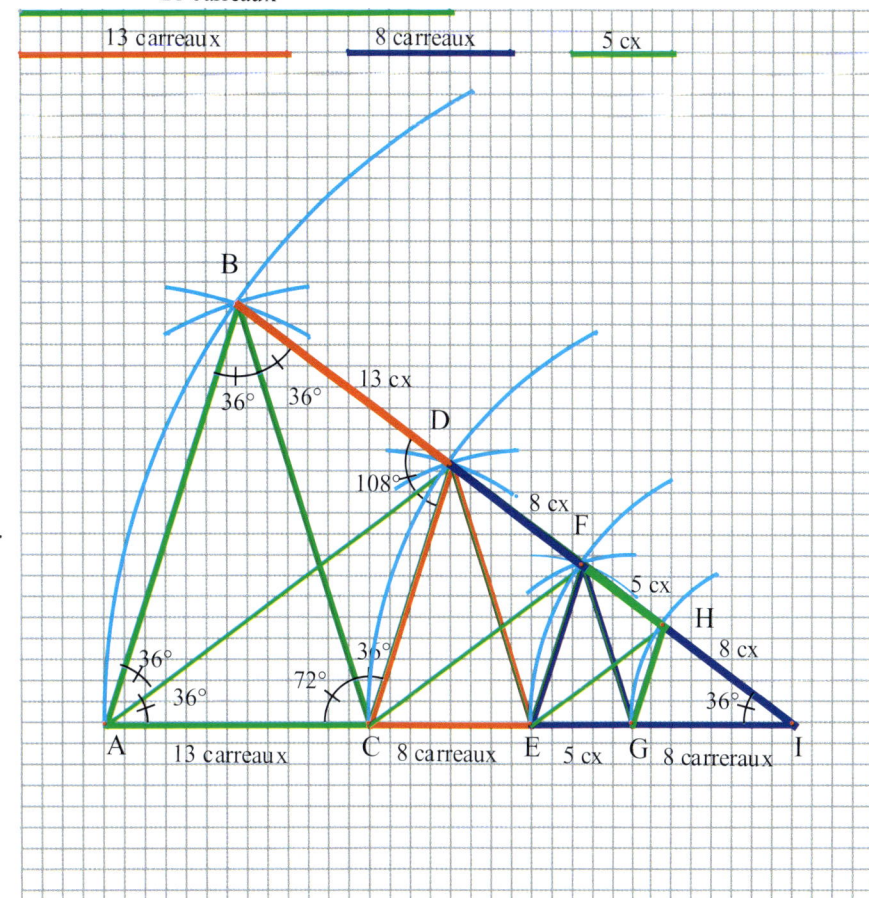

Dans un triangle sublime, le rapport côté/base = Φ.

Les angles à la base (72°) sont le double de l'angle au sommet (36°).

Soit un segment [AI] de 34 carreaux sur lequel on porte les points C, E et G tels que AC]= 13 carreaux,

CE = 8 carreaux, EG = 5 carreaux et GI = 8 carreaux..

L'arc de centre A de rayon 21 carreaux coupe l'arc de centre C de même rayon en B.
Dans le triangle ABC, le rapport côté / base = 21/13 ≈ Φ. Ce triangle est un triangle sublime.

L'arc de centre C de rayon 13 carreaux coupe l'arc de centre E de même rayon en D.
Dans le triangle CDE, le rapport côté / base = 13/8 ≈ Φ. Ce triangle est un triangle sublime.

L'arc de centre E de rayon 8 carreaux coupe l'arc de centre G de même rayon en F.
Dans le triangle EFG, le rapport côté / base = 8/5 ≈ Φ. Ce triangle est un triangle sublime.

Un arc de centre I de rayon 8 carreaux coupe [BI] en H. Le triangle GIH est un triangle sublime.

On remarque que les points B, D, F, H et I sont alignés et se trouvent sur les arcs de centre I et de rayon 34, 21, 13 et 8 carreaux respectivement.

Les triangles AIB, CID et EIF sont eux aussi des triangles sublimes.

Nota : Cette construction engendre plusieurs triangles divins comme, par exemple, les triangles BDC, DFE, FHG, ADI, CFI et EHI.

Partage des côtés en moyenne et extrême raison
C et E partage [AI], D et F partage [BI], E et G partage [CI], F et H partage [DI], G partage [EI] et H partage [FI] en moyenne et extrême raison.
AI/AE = BI/BF = 34/21 ≈ Φ; CI/CG = DI/DH = 21/13 ≈ Φ, etc.

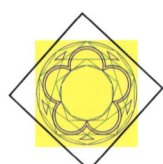

1-03 Triangles divins

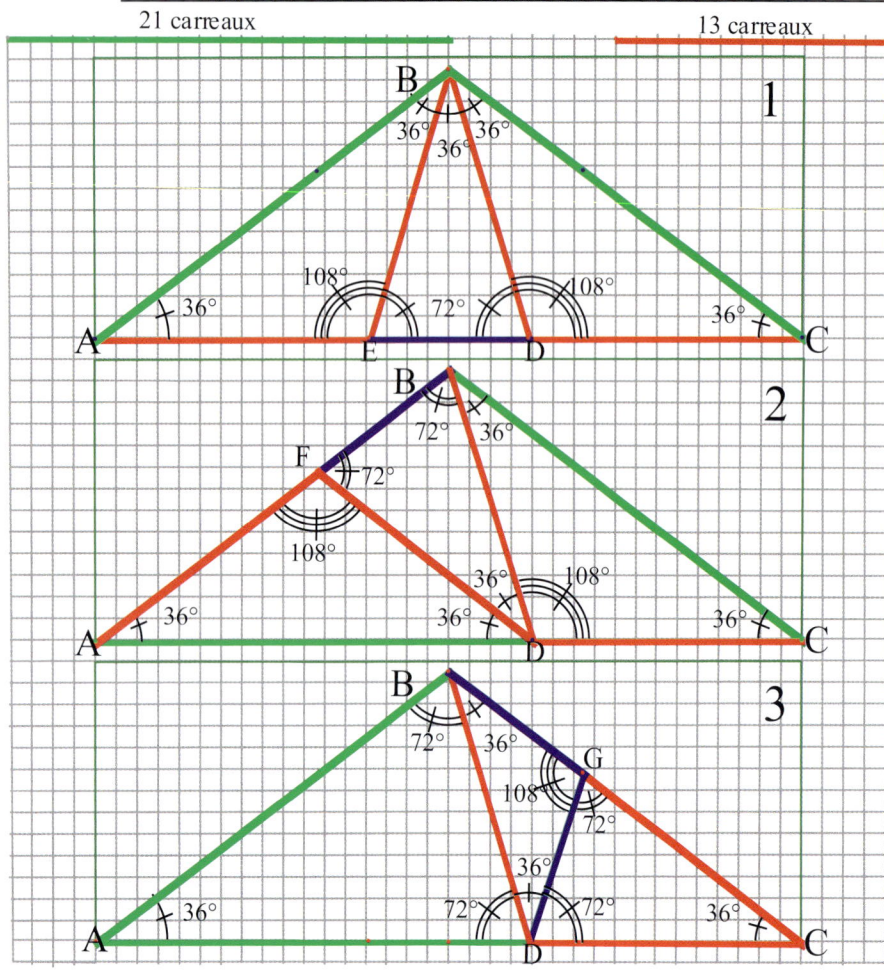

Dans un triangle divin, le rapport base/côté = Φ.

Les angles à la base (36°) sont le tiers de l'angle au sommet (108°).

Soit un segment [AC] de 34 carreaux
L'arc de centre A de rayon 21 carreaux coupe l'arc de centre C de même rayon en B.
Dans le triangle ABC, le rapport base/côté = 34/21 ≈ Φ. Ce triangle est un triangle divin.

Triangle divin 1
Soit les points D et E sur [AC] tel que AE = CD = 13 carreaux et DE = 8 carreaux..
Dans les triangles AEB et BDC, le rapport base/côté = 21/13 ≈ Φ.
Ces triangles sont des triangles divins.

Triangle divin 2
Soit le point D sur [AC] tel que AD = 21 carreaux.
L'arc de centre A de rayon 13 carreaux coupe [AB] en F.
Les triangles AFD et BDC dont le rapport base/côté = 21/13 ≈ Φ sont des triangles divins.

Triangle divin 3
Soit le point D sur [AC] tel que AD = 21 carreaux.
L'arc de centre B de rayon 8 carreaux coupe [BC] en G.
Le triangle BDC dont le rapport base/côté = 21/13 ≈ Φ est un triangle divin.
Le triangle BGD dont le rapport base/côté = 13/8 ≈ Φ est un triangle divin.

Nota : Cette construction engendre plusieurs triangles sublimes comme, par exemple, les triangles BAD, BCE et DBE (Triangle divin 1), BDF et BAD (Triangle divin 2), et BAD et DCG (Triangle divin 3).

Partage des côtés en moyenne et extrême raison
Sur [AC] (Triangle divin 1), les points D et E, sur [AB] (Triangle divin 2), le point F et sur [BC] (Triangle divin 3), le point G partagent les côtés sur lesquels ils sont situés en moyenne et extrême raison. AC/AD = 34/21≈ Φ; AB/AF = BC/CG = 21/13 ≈ Φ, etc.

1-04 Rectangles d'or

et Point d'or

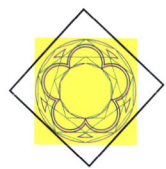

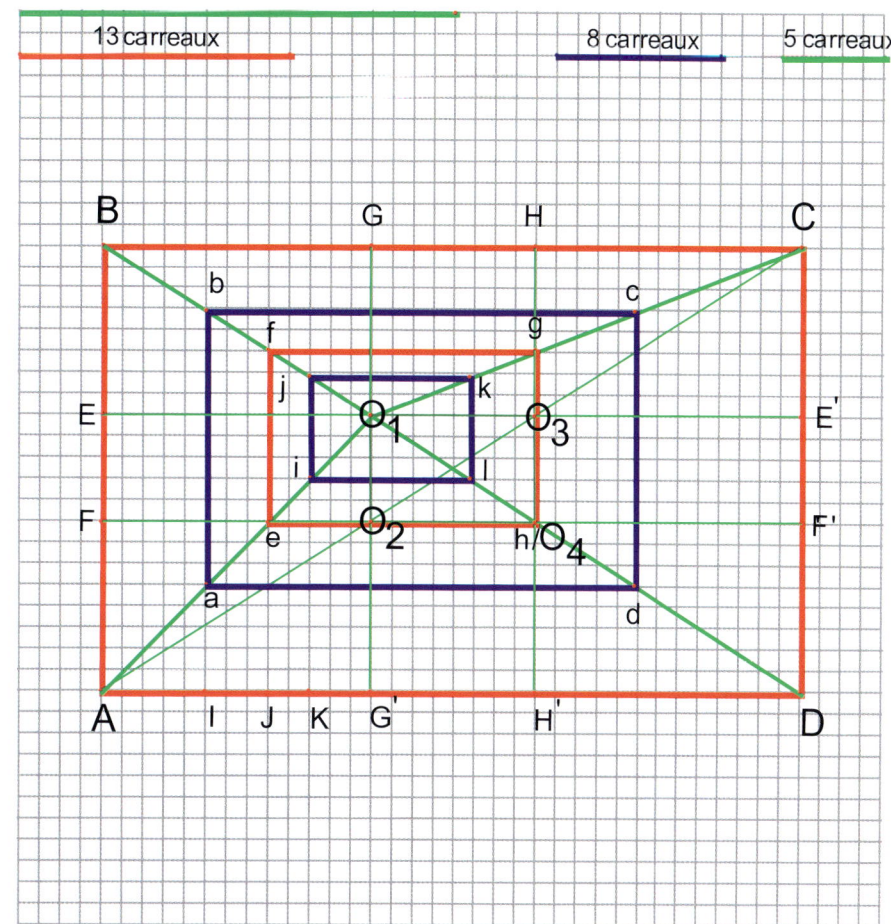

Dans un rectangle d'or,
le rapport Longueur/largeur = Φ.

Soit le rectangle d'or ABCD. AD/AB = 34/21 ≈ Φ.
Soit les points E, F, E' et F' tel que AF = DF' = BE = CE' = 8 carreaux.
Soit les points G, H, G' et H' tel que BG = AG' = CH = DH' = 13 carreaux.
Soit les points I, J et K tel que AI = 5 carreaux, AJ = 8 carreaux et AK = 10 carreaux.

Soit le point O_1 à l'intersection des segments EE' et GG'.
Tracer [O_1A], [O_1B], [O_1C] et [O_1D]. Le point O_1 est nommé point d'or ou point dit de perspective.
Les points O_2, O_3 et O_4 s'obtiennent de façon analogue. Ce sont également des points d'or du rectangle ABCD. Ils forment avec O_1 un rectangle d'or. Ils servent à créer d'autres effets de perspective (voir page 37 dans ce volume).

Placer les points a, b, c, ..., k, et l comme indiqué sur le tracé.
Pour les points a, b, c et d :
- la parallèle menée par I à (AB) coupe [AO] en a et [BO] en b,
- de "a", la parallèle à (AD) coupe [OD] en d,
- la parallèle à (BC) passant par b coupe [OC] en c.

Le rectangle a-b-c-d est un rectangle d'or.

Pareillement on obtient les rectangles d'or, e-f-g-h, et i-j-k-l.

Partage des côtés en moyenne et extrême raison
Les points E, F et G, H partagent les côtés [AB] et |BC) respectivement en moyenne et extrême raison.
AE / EB = BF / FA = 13/8 ≈ Φ et AB / AE = BA / BF = 21/13 ≈ Φ.
BC/BH = CB/CG = 34/21 ≈ Φ; BH/HC = CG/GB = 21/13 ≈ Φ.

1-05 Pentagone régulier
et suite de Fibonacci

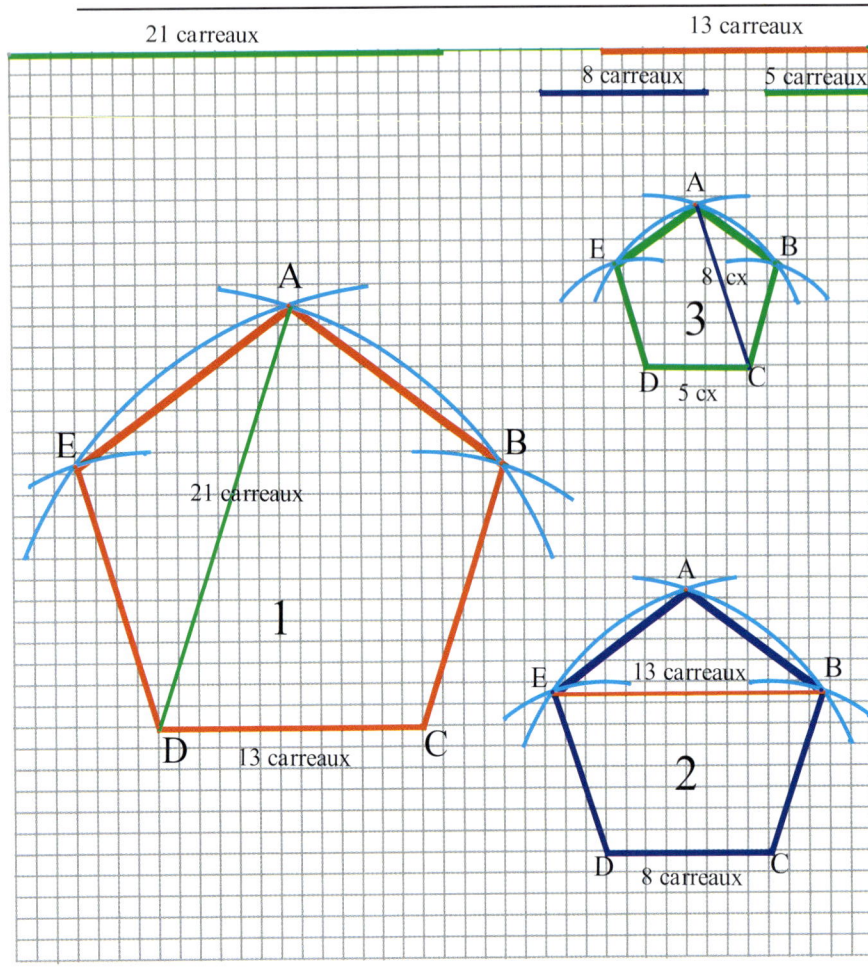

Dans un pentagone régulier, le rapport diagonale / côté = Φ.

Angle au centre : 360°/5 = 72°, angle intérieur : 108°.

Rapport diagonale/côté dans un pentagone en fonction des termes de la suite de Fibonacci :
Si le côté mesure 13 carreaux,   la diagonale mesure 21 carreaux   21/13 ≈ Φ.
Si le côté mesure 8 carreaux,   la diagonale mesure 13 carreaux   13/8   ≈ Φ.
Si le côté mesure 5 carreaux,   la diagonale mesure 8 carreaux   8/5   ≈ Φ.

Pentagone 1 : Construction d'un pentagone régulier de côté DC = 13 carreaux.
L'arc de centre D de rayon 21 carreaux coupe l'arc de centre C de même rayon en A.
L'arc de centre D rayon 13 carreaux coupe l'arc de centre C de rayon 21 carreaux (déjà tracé) en E.
L'arc de centre C rayon 13 carreaux coupe l'arc de centre D de rayon 21 carreaux (déjà tracé) en B.
On obtient le premier pentagone régulier ABCDE.

Pentagone 2 : Construction d'un pentagone régulier de côté DC = 8 carreaux.
L'arc de centre D de rayon 13 carreaux coupe l'arc de centre C de même rayon en A.
L'arc de centre D rayon 8 carreaux coupe l'arc de centre C de rayon 13 carreaux (déjà tracé) en E.
L'arc de centre C rayon 8 carreaux coupe l'arc de centre D de rayon 13 carreaux (déjà tracé) en B.
On obtient le deuxième pentagone régulier ABCDE.

Pentagone 3 : Construction d'un pentagone régulier de côté DC = 5 carreaux.
L'arc de centre D de rayon 8 carreaux coupe l'arc de centre C de même rayon en A.
L'arc de centre D rayon 5 carreaux coupe l'arc de centre C de rayon 8 carreaux (déjà tracé) en E.
L'arc de centre C rayon 5 carreaux coupe l'arc de centre D de rayon 8 carreaux (déjà tracé) en B.
On obtient le troisième pentagone régulier ABCDE.

1-06 Pentagone

Tracé avec rayon de 21 carreaux et Partage des côtés en Moyenne et Extrême Raison (PMER)

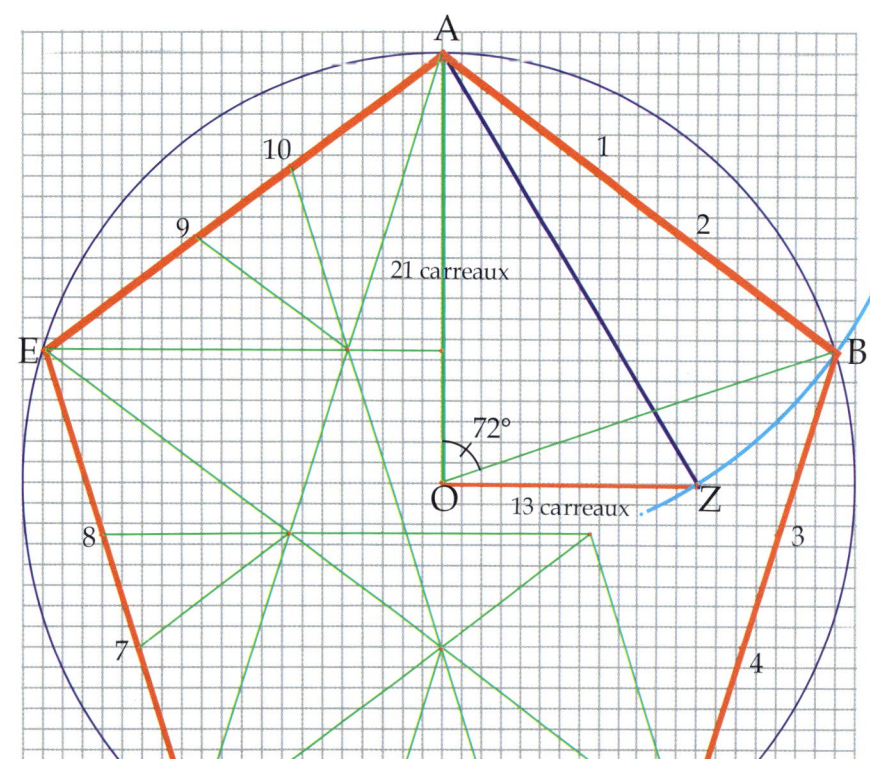

Dans un pentagone régulier, le rapport diagonale / côté = Φ.

Angle au centre : 360°/5 = 72°, angle intérieur : 108°.

Voir le Tracé **1-10**

Voir le Tracé **16 Tome I**

Soit un cercle de centre O de rayon OA = 21 carreaux et le triangle rectangle OAZ, rectangle en O, de côtés OA = 21 carreaux et OZ = 13 carreaux. OA/OZ = 21/13 ≈ Φ.
AZ est le côté du pentagone régulier inscrit dans le cercle.
Nota : OZ est le côté du décagone régulier inscrit dans ce même cercle.

À partir du point A, porter cinq fois la longueur de la corde [AZ] sur le cercle.
On obtient le pentagone régulier ABCDE.

Partage des côtés en moyenne et extrême raison
Dans un pentagone régulier, il y a trois façons de trouver les points de partage en moyenne et extrême raison des côtés :
1. par la construction du pentagone étoilé inscrit dans ce cercle et des diagonales du pentagone régulier central quelle que soit la longueur du côté du pentagone.
2. en utilisant les termes de la suite de Fibonacci
   Par exemple, si le côté du pentagone est égal à 13 carreaux, les arcs ayant pour centre les sommets du pentagone et comme rayon 8 carreaux partageront les côtés en moyenne et extrême raison,
3. en utilisant la méthode 13/8

1-07 Pentagone

Pentagones étoilés homothétiques

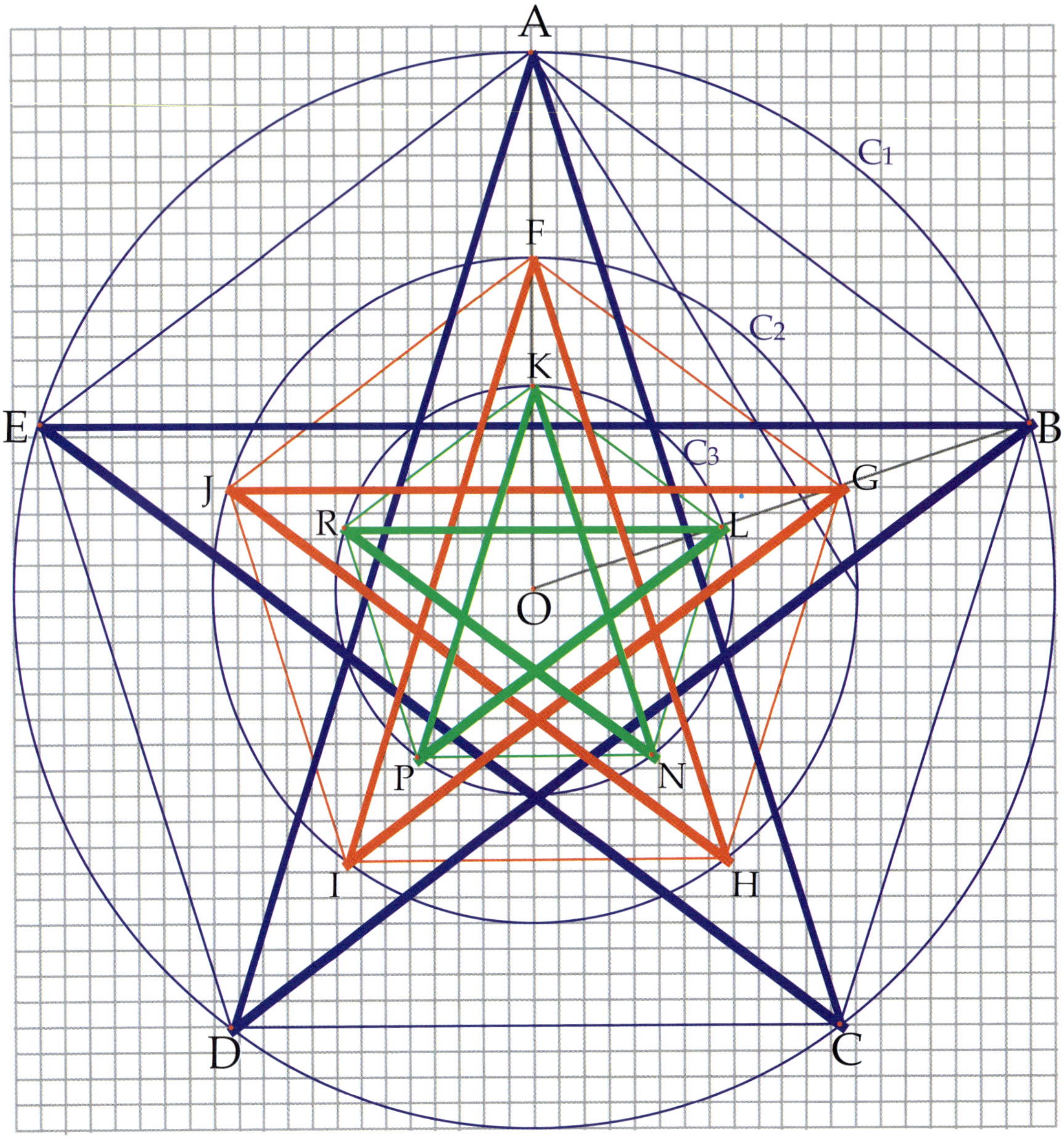

Voir le Tracé **1-06**

Dans un pentagone régulier, le rapport diagonale / côté = Φ.

Angle au centre : 360°/5 = 72°, angle intérieur : 108°.

Soit un cercle C_1 de centre O de rayon OA = 21 carreaux. Tracer le pentagone régulier ABCDE.

le cercle C_2 de centre O de rayon 13 carreaux coupe [OA] en F et [OB] en G.
[FG] est le côté du pentagone régulier inscrit dans C_2.
À partir du point F, porter cinq fois la longueur du segment [FG] sur C_2.
On obtient le pentagone régulier FGHIJ.

Le cercle C_3 de centre O de rayon 8 carreaux coupe [OA] en K et [OB] en L.
[KL] est le côté du pentagone régulier inscrit dans C_3.
À partir du point K, porter cinq fois la longueur du segment [FG] sur C_3.
On obtient le pentagone régulier KLNPR.

Tracer les pentagones étoilés inscrits dans les pentagones réguliers correspondants.

1-08 Pentagone

Pentagones inversés et Losanges

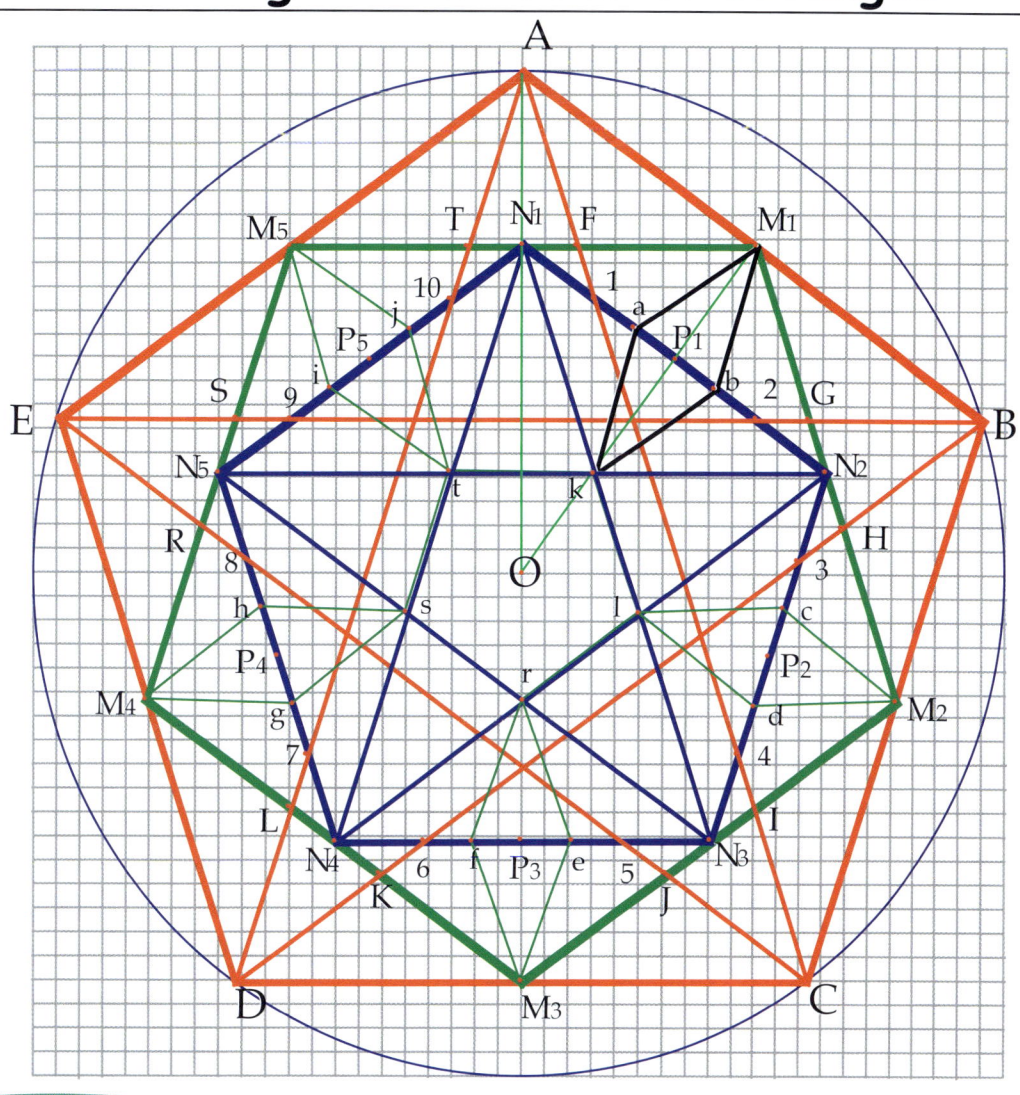

Voir le Tracé **1-06**   Dans un pentagone régulier, le rapport diagonale / côté = Φ.

Angle au centre : 360°/5 = 72°, angle intérieur: 108°.

Soit un cercle de centre O de rayon OA = 21 carreaux et le pentagone régulier ABCDE.
Soit M_1, M_2, M_3, M_4, et M_5, les milieux des côtés du pentagone régulier ABCDE.
On obtient le M pentagone régulier $M_1M_2M_3M_4M_5$.

[OA], et les autres rayons joignant le centre O aux sommets du pentagone régulier ABCDE coupent les côtés du pentagone régulier $M_1M_2M_3M_4M_5$ aux points N_1, N_2, N_3, N_4, et N_5.
On obtient le N pentagone régulier $N_1N_2N_3N_4N_5$.

[O $M]_1$ et les autres rayons joignant le centre O aux sommets du pentagone régulier $M_1M_2M_3M_4M_5$ coupent les côtés du pentagone régulier $N_1N_2N_3N_4N_5$ aux points P_1 à P_5.
[AC] coupe [$N_1 N_2$] au point 1 et [BE] coupe [$N_1 N_2$] au point 2.

Soit a le milieu de 1 - P_1 et b le milieu de 2 - P_1.
Soit le pentagone régulier central klrst.
En joignant les points, on obtient le losange M_1a kb.

1-09 Pentagone

Pentagone régulier et Pentagone étoilé dont les sommets sont les milieux des côtés du pentagone régulier

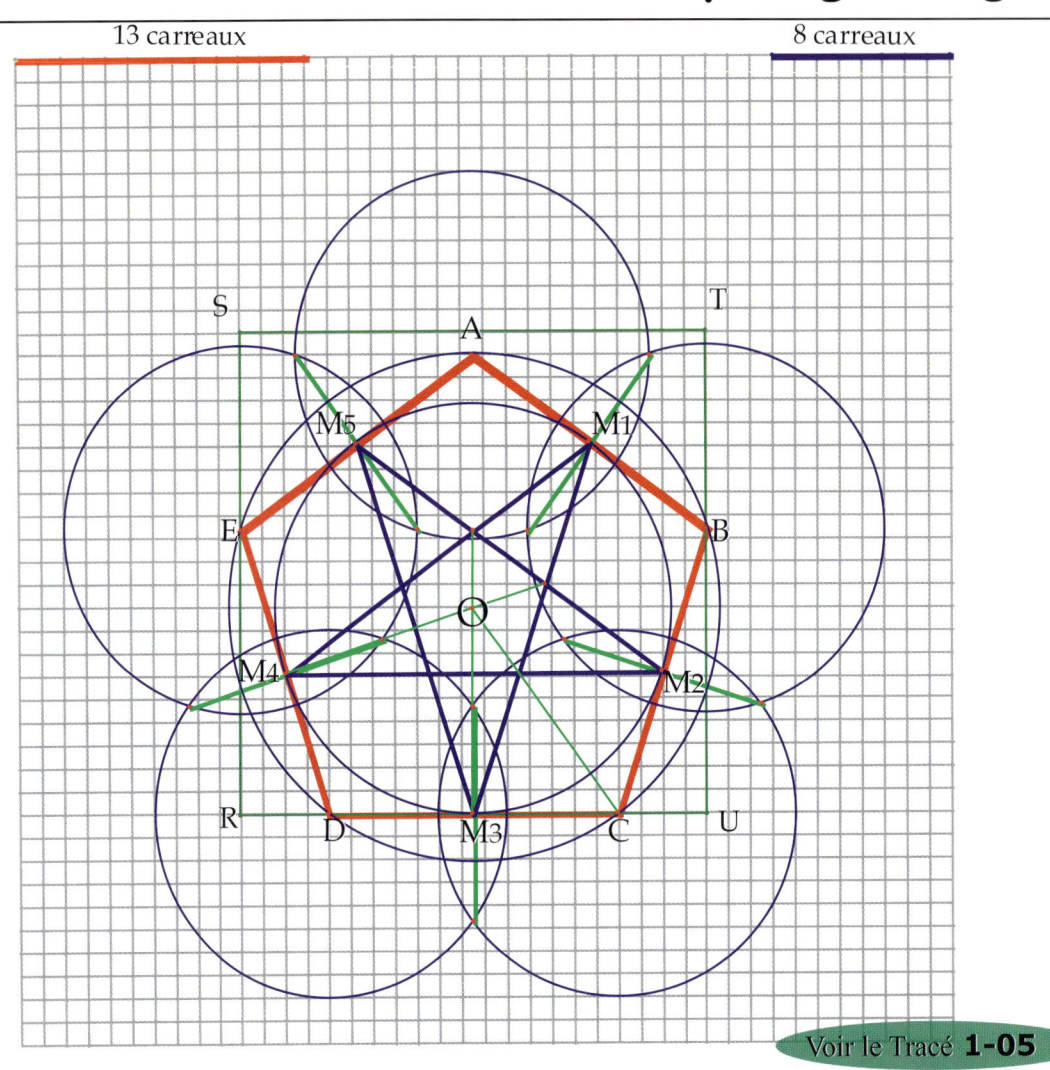

13 carreaux   8 carreaux

Voir le Tracé **1-05**

Dans un pentagone régulier, le rapport diagonale / côté = Φ.

Voir le Tracé **7 Tome 1**

Angle au centre : 360°/5 = 72°, angle intérieur: 108°.

Soit le pentagone régulier ABCDE de 13 carreaux de côté déduit du carré RSTU.

Construction du pentagone étoilé ayant pour sommet le milieu des côtés du pentagone régulier
Soit M_1, M_2, M_3, M_4, et M_5, les milieux des côtés du pentagone régulier ABCDE.
On obtient le pentagone étoilé M_1 M_3 M_5 M_2 M_4 M_1.

On remarque :
- Dans la construction ci-dessus, les côtés du pentagone étoilé sont <u>parallèles</u> aux côtés du pentagone régulier dans lequel il est inscrit.
- Si on joint les milieux des côtés, on obtient un pentagone régulier M_1 M_2 M_3 M_4 M_5. Dans ce dernier pentagone régulier, il y a le rapport diagonale/côté = Φ.
  En effet, $M_1 M_3 / M_1 M_2 = Φ$.
- AM_3 coupe BM_4 en un point O, le centre du <u>cercle circonscrit</u> au pentagone régulier.
- OM_1 est le rayon du <u>cercle inscrit</u> dans le pentagone régulier.

1-10 Méthode 13/8

Partage en Moyenne et Extrême Raison (PMER) d'un côté de longueur différente de 13 carreaux

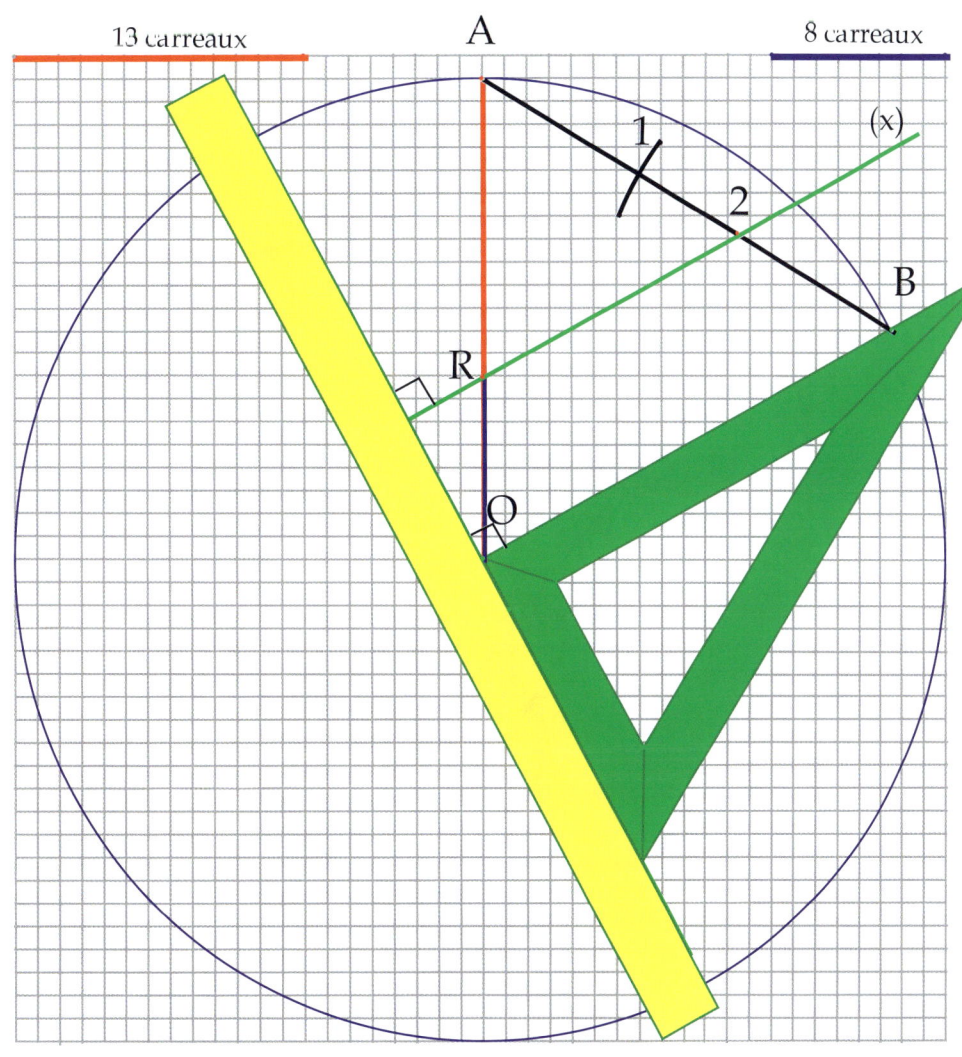

Soit un cercle de centre O de rayon OA = 21 carreaux et [AB] le côté d'un polygone inscrit dans ce cercle.
Sur OA, placer le point R tel que AR = 13 carreaux.
AO/AR = 21/13 ≈ Φ.

Partage du côté [AB] en Moyenne et Extrême Raison (PMER)
Placer l'équerre et la règle plate comme indiqué sur la figure. Le grand côté de l'équerre est confondu avec [OB].
Faire glisser l'équerre et l'amener au point R.
Tracer la parallèle R(x) à (OB) par le point R.
Cette parallèle coupe le côté [AB] du polygone au point 2.
Le point 2 partage [AB] en moyenne et extrême raison (application du théorème de Thalès).
AB/A2 = A2/2B = Φ.
L'arc de centre B de rayon A2 coupe [BA] au point 1.
Le point 1 partage [BA] en moyenne et extrême raison.
BA/B1 = B1/1A = Φ.

Ce tracé simple est suffisamment précis pour être satisfaisant.

1-11 Heptagone
(7 côtés) Tracé et PMER des côtés

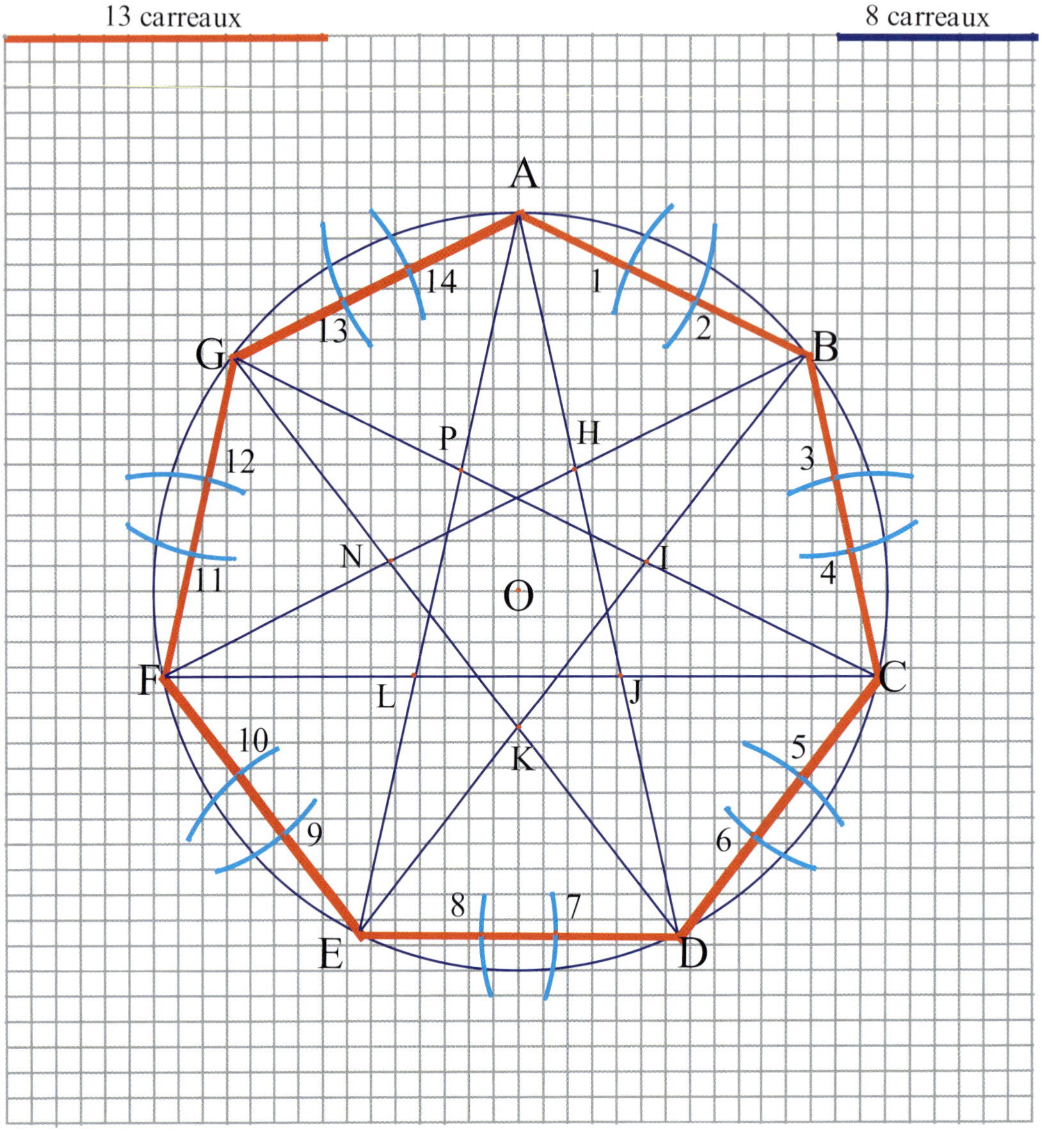

13 carreaux   8 carreaux

Première méthode

Soit un cercle de centre O de rayon OA = 15 carreaux.

À partir du point A, porter sept fois une corde de 13 carreaux sur le cercle.
On obtient l'heptagone ABCDEFG. Angle au centre : 360°/7 = 51,4°.

Partage des côtés en moyenne et extrême raison

À partir de chaque sommet, tracer un arc de 8 carreaux qui coupe les côtés de l'heptagone aux points 1 à 14. Chacun de ces points partage les côtés de l'heptagone en moyenne et extrême raison.
AB/A2 = BA/B1 = BC/B4 = CB/C3, etc. = 13/8 ≈ Φ.

         Ce tracé simple est suffisamment précis pour être satisfaisant.

En joignant les sommets de deux en deux ou de trois en trois, on obtient des heptagones étoilés. Ici, on a joint les sommets de trois en trois et obtenu l'heptagone étoilé AHBICJDKELFNGP.
Le polygone HIJKLNP est un heptagone central.

Nota : Les bissectrices des angles au centre, [OH], [OI], [OJ], [OK], [OL], [ON] et [OP] couperont le cercle en des points qui seront les sommets d'un tétradécagone (14 côtés).

1-12 Heptagone

(7 côtés) Tracé et PMER des côtés

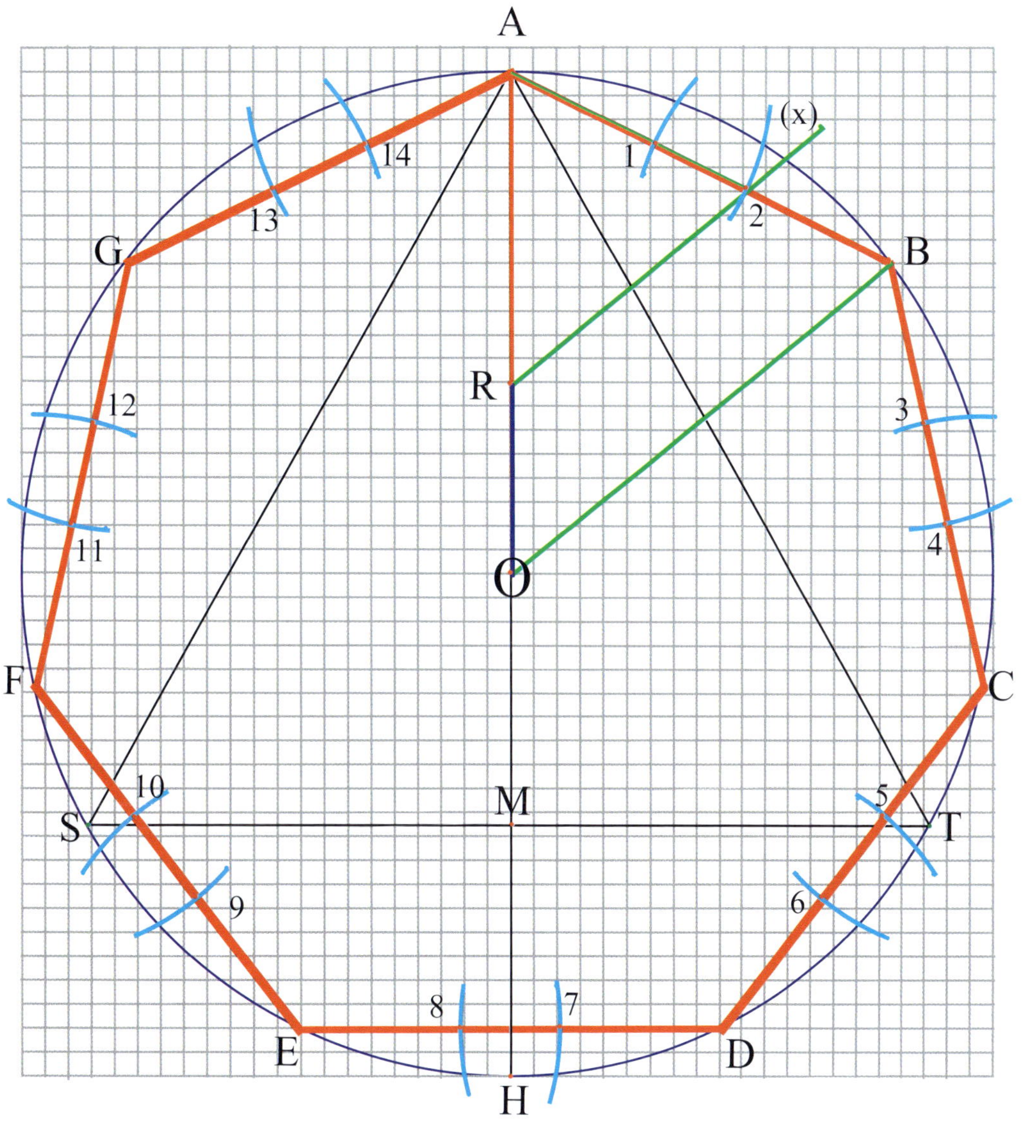

Seconde méthode
 Soit un cercle de centre O de rayon OA = OH = 21 carreaux.

L'arc de centre H de rayon HO coupe le cercle en S et T. Le triangle AST est équilatéral.
(OH) coupe ST en leur milieu M. SM est la corde de l'heptagone inscrit dans ce cercle.
À partir du point A, porter sept fois la longueur de [SM] sur le cercle.
On obtient l'heptagone ABCDEFG. Angle au centre : 360°/7 = 51,4°.

Partage des côtés en moyenne et extrême raison
Soit le point R sur [OA] tel que AR = 13 carreaux. OR,= 8 carreaux.
Tracer la parallèle R(x) à (OB) par le point R. Cette parallèle coupe [AB] au point 2.
À partir de chaque sommet, tracer un arc de rayon [A-2] qui coupe les côtés de l'heptagone aux points 1 à 14.
Chacun de ces points partage les côtés de l'heptagone en moyenne et extrême raison.
AB/A2 = BA/B1 = BC/B4 = CB/C3, etc. ≈ Φ.

Ce tracé simple est suffisamment précis pour être satisfaisant.

1-13 Octogone

(8 côtés) Tracé dans un cercle de 21 carreaux de rayon et PMER des côtés

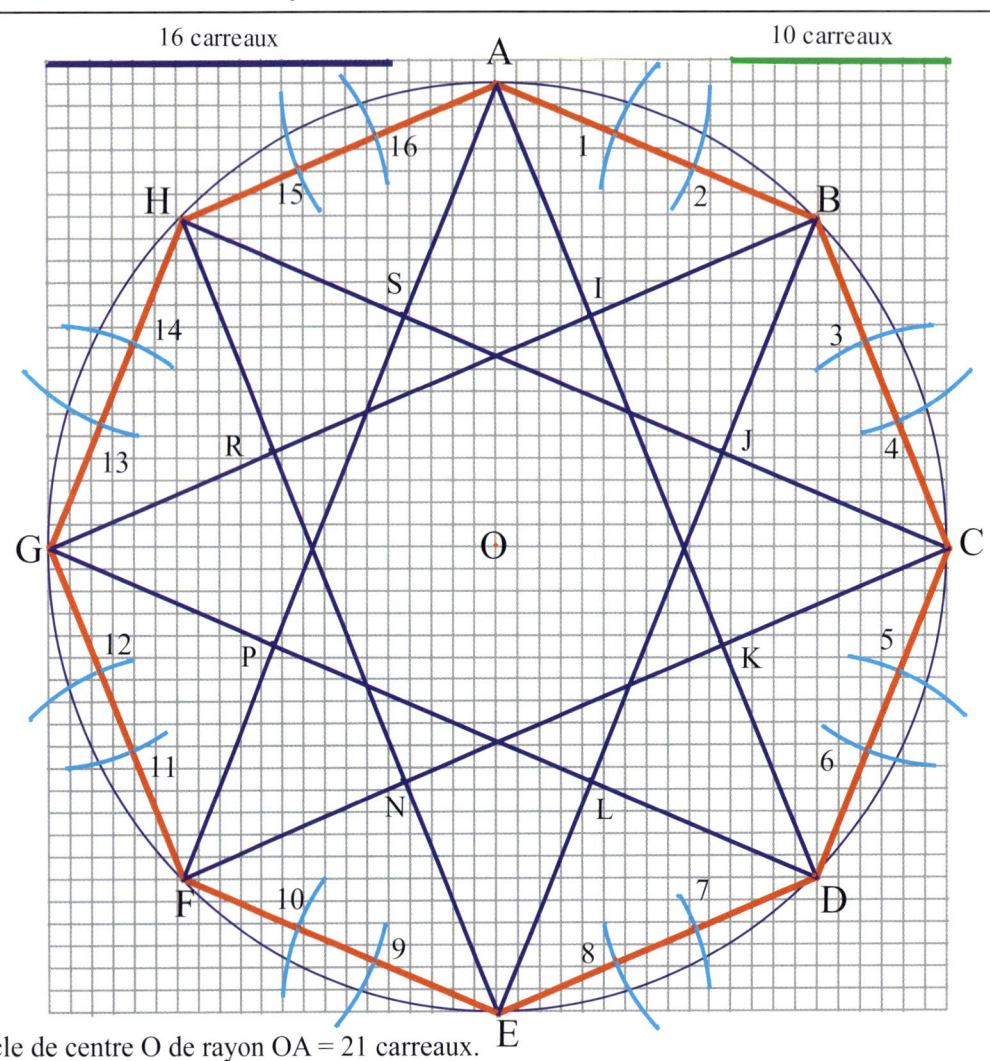

Soit un cercle de centre O de rayon OA = 21 carreaux.
À partir du point A, porter huit fois une corde de 16 carreaux sur le cercle.
On obtient l'octogone ABCDEFGH. Angle au centre : 360°/8 = 45°.

Partage des côtés en moyenne et extrême raison
À partir de chaque sommet, tracer un arc de 10 carreaux. Ces arcs coupent les côtés de l'octogone aux points 1 à 16.
Chacun de ces points partagent les côtés de l'octogone en moyenne et extrême raison.
AB/A2 = BA/B1 = BC/B4 = CB/C3, etc. = 16/10 = 8/5 ≈ Φ.

Ce tracé simple est suffisamment précis pour être satisfaisant.

En joignant les sommets de trois en trois, on obtient un octogone étoilé AIBJCKDLENFPGRHS. Si on joint les sommets de deux en deux on obtient une étoile régulière formée par la superposition de deux carrés.

Nota :
- Les bissectrices des angles au centre, soit [OI], [OJ], [OK], [OL], [ON], [OP], [OR] et [OS] coupent le cercle en des points qui seront les sommets d'un hexadécagone (16 côtés).
- Le côté de l'octogone est fonction de Φ.
  En effet, le rapport diamètre/côté = 42/16 = 21/8 est sensiblement égal à Φ^2 (voir Lexique).

1-14 Ennéagone

(9 côtés) Tracé et PMER des côtés

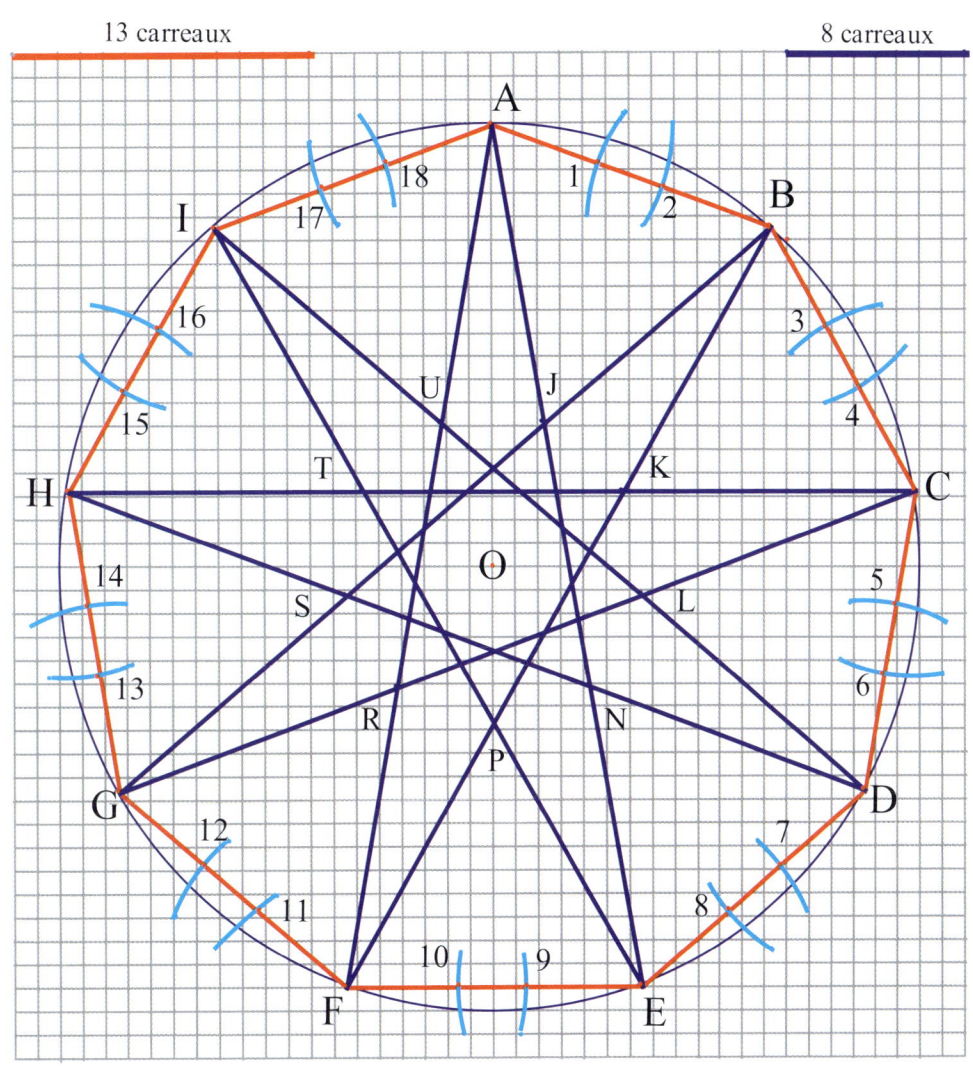

Soit un cercle de centre O de rayon OA = 19 carreaux.
À partir du point A, porter neuf fois une corde de 13 carreaux sur le cercle.
On obtient l'ennéagone ABCDEFGHI. Angle au centre : 360°/9 = 40°.

Partage des côtés en moyenne et extrême raison
À partir de chaque sommet, tracer un arc de 8 carreaux qui coupe les côtés de l'ennéagone aux points 1 à 18.
Chacun de ces points partage les côtés de l'ennéagone en moyenne et extrême raison.
AB/A2 = BA/B1 = BC/B4 = CB/C3, etc. = 13/8 ≈ Φ.

Ce tracé simple est suffisamment précis pour être satisfaisant.

En joignant les sommets de deux en deux, de trois en trois ou de quatre en quatre, on obtient des ennéagones étoilés. Ici, on a joint les sommets de quatre en quatre et obtenu l'ennéagone étoilé ou ennéagramme AJBKCLDNEPFRGSHTIU.

Nota: Les bissectrices des angles au centre, soit [OJ], [OK], [OL], [ON], [OP], [OR], [OS], [OT] et [OU] coupent le cercle en des points qui sont les sommets d'un octodécagone (18 côtés).

1-15 Décagone

(10 côtés) Tracé à partir de deux Pentagones inversés

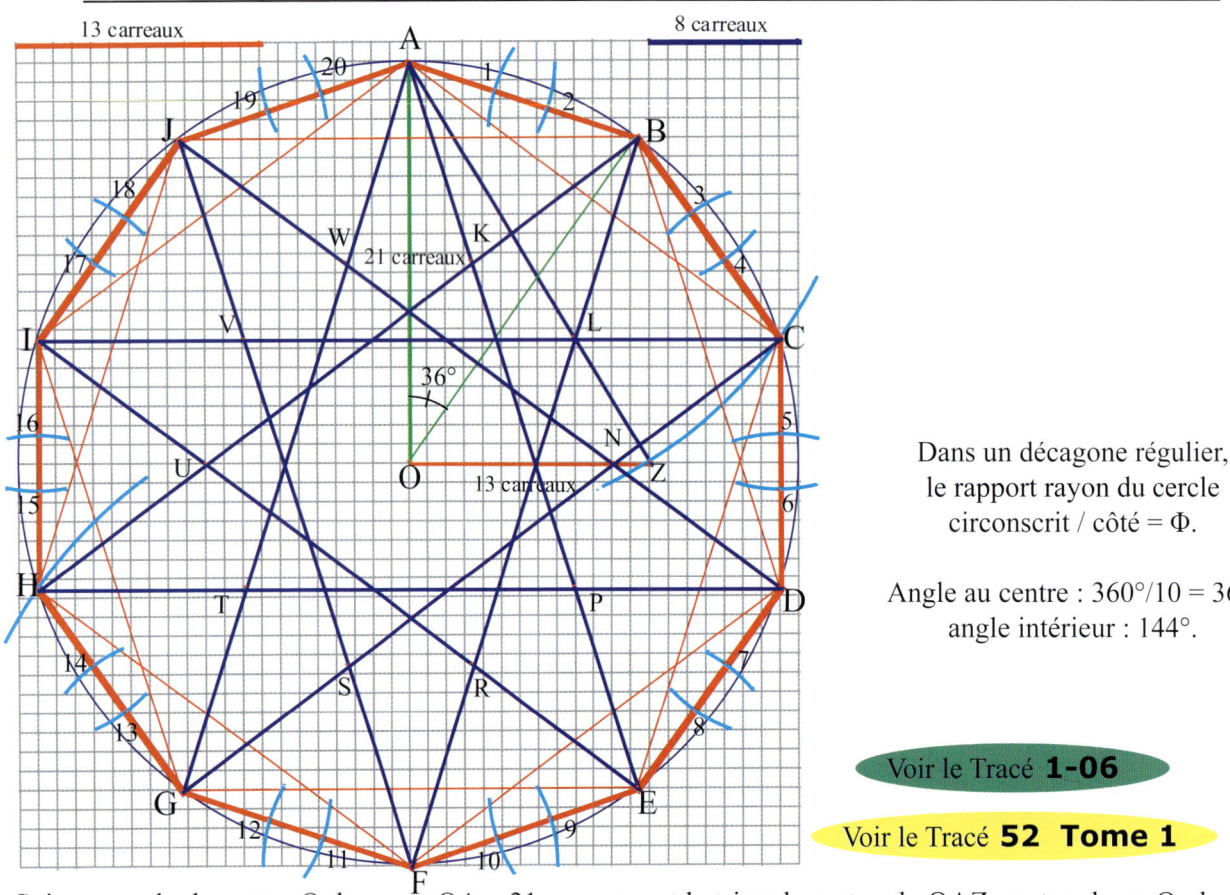

Dans un décagone régulier,
le rapport rayon du cercle
circonscrit / côté = Φ.

Angle au centre : 360°/10 = 36°,
angle intérieur : 144°.

Voir le Tracé **1-06**

Voir le Tracé **52 Tome 1**

Soit un cercle de centre O de rayon OA = 21 carreaux et le triangle rectangle OAZ, rectangle en O, de côtés OA = 21 carreaux et OZ = 13 carreaux. OA/OZ = 21/13 ≈ Φ.
AZ est le côté du pentagone régulier inscrit dans le cercle et OZ est le côté du décagone régulier inscrit dans ce même cercle.

À partir du point A, porter cinq fois la longueur de la corde [AZ] sur le cercle.
On obtient le pentagone régulier ACEGI.

À partir du point F, diamétralement opposé au point A, porter cinq fois la longueur de la corde [AZ]. On obtient le pentagone régulier BDFHJ.

En reliant les points de A à J, on obtient le décagone régulier ABCDEFGHIJ.

On vérifie : dans un cercle de rayon = 21 carreaux, le côté du décagone régulier = 13 carreaux.

AB = BC = CD, etc. = JA = 13 carreaux.

Partage des côtés en moyenne et extrême raison
À partir de chaque sommet, tracer un arc de rayon 8 carreaux qui coupe les côtés du décagone régulier aux points 1 à 20.
Chacun de ces points partage les côtés du décagone régulier en moyenne et extrême raison.
AB/A-2 = BA/B1 = BC/B4 = CB/C3, etc. =13/8 ≈ Φ

Nota :
- AKBLCNDPERFSGTHUIVJW est un décagone étoilé.
- Les bissectrices des angles au centre coupent le cercle en des points qui seront les sommets d'un icosagone (20 côtés).

1-16 Hendécagone

(11 côtés) Tracé et PMER des côtés

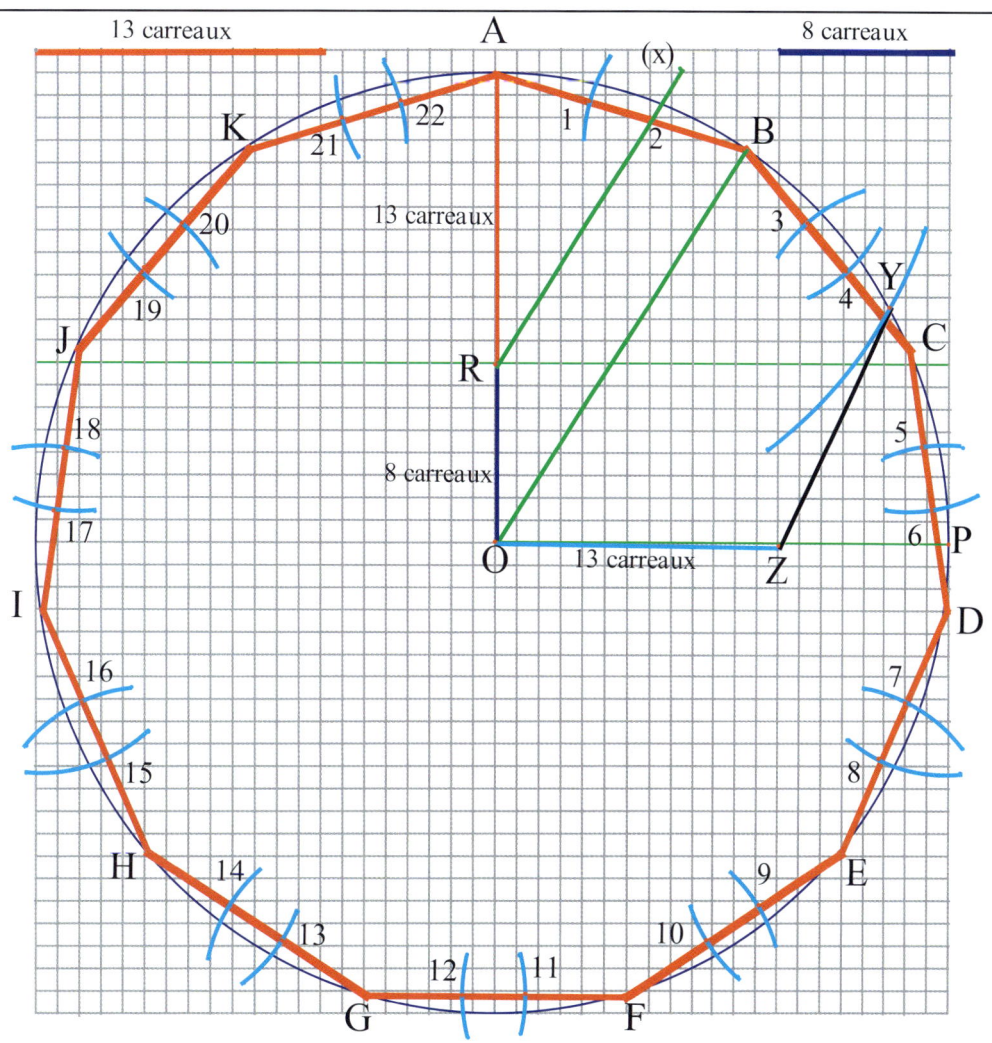

Soit un cercle de centre O de rayon OA = 21 carreaux et OP un rayon perpendiculaire à OA.
Soit le point Z sur OP tel que OZ = 13 carreaux.

L'arc de centre A de rayon OA coupe le cercle en Y. YZ est le côté de l'hendécagone.
À partir du point A, porter 11 fois la longueur de la corde [YZ] sur le cercle.
On obtient l'hendécagone ABCDEFGHIJK. Angle au centre : 360°/11 = 32,7°.

Partage des côtés en moyenne et extrême raison
Soit le point R sur OA tel que AR = 13 carreaux. OR = 8 carreaux.
Tracer la parallèle R(x) à (OB) passant par le point R. Cette parallèle coupe [AB] au point 2.
À partir de chaque sommet, tracer un arc de rayon [A-2] qui coupe les côtés de l'hendécagone aux points 1 à 22.
Chacun de ces points partage les côtés de l'hendécagone en moyenne et extrême raison.
AB/A2 = BA/B1 = BC/B4 = CB/C3 = etc. = 13/8 ≈ Φ.

Ce tracé simple est suffisamment précis pour être satisfaisant.

En joignant les sommets de deux en deux, de trois en trois, de quatre en quatre ou de cinq en cinq, on obtient des hendécagones étoilés.

Nota : [AZ], [OZ] et [AY] sont respectivement les côtés du pentagone, du décagone et de l'hexagone réguliers inscrits dans ce cercle.

1-17 Dodécagone

(12 côtés) Tracé et PMER des côtés

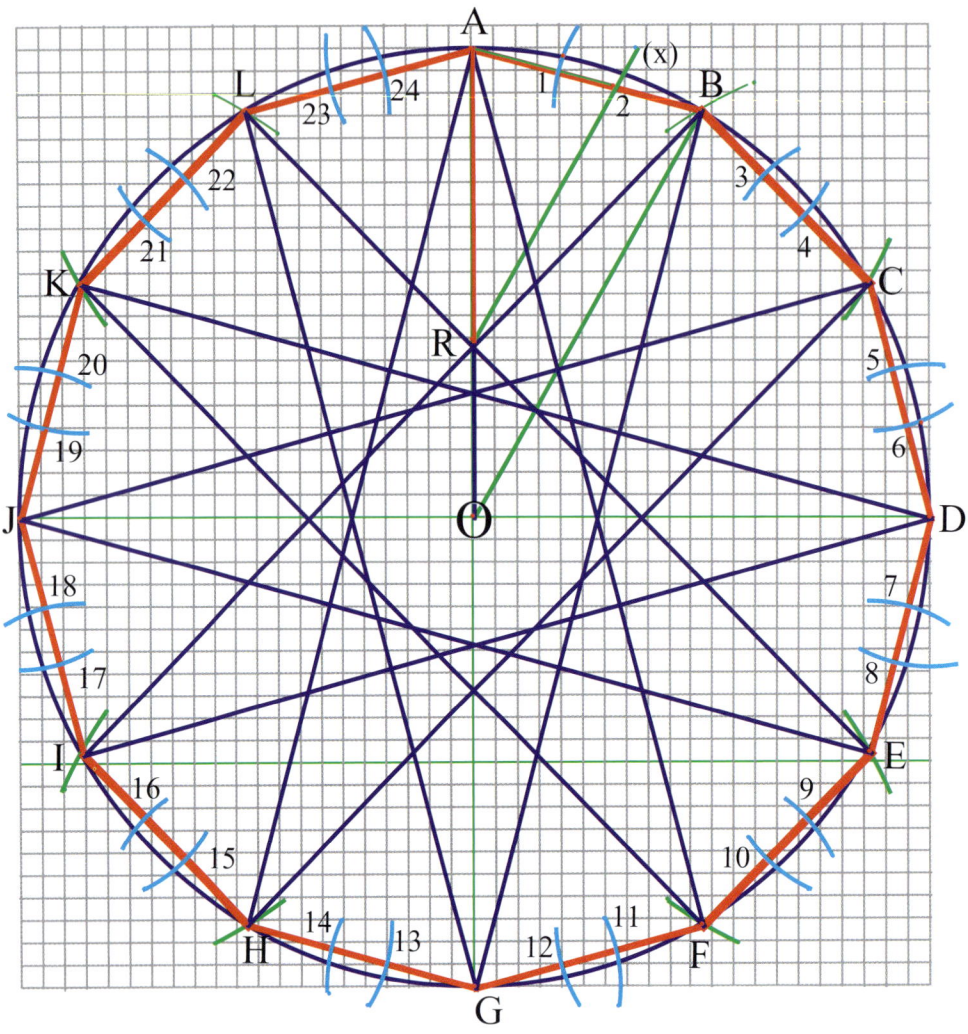

Soit un cercle de centre O de rayon OA = 21 carreaux et deux diamètres perpendiculaires AG et JD.

L'arc de centre A de rayon 21 carreaux coupe le cercle en C et K.
L'arc de centre D de rayon 21 carreaux coupe le cercle en B et F.
L'arc de centre G de rayon 21 carreaux coupe le cercle en E et I.
L'arc de centre J de rayon 21 carreaux coupe le cercle en H et L.

On obtient le dodécagone ABCDEFGHIJKL. Angle au centre : 360°/12 = 30°.

Partage des côtés en moyenne et extrême raison
Soit le point R sur OA tel que AR = 13 carreaux. OR = 8 carreaux.
Tracer la parallèle R(x) à (OB) passant par le point R. Cette parallèle coupe [AB] au point 2.
À partir de chaque sommet, tracer un arc de rayon A2 qui coupe les côtés du dodécagone aux points 1 à 24.
Chacun de ces points partage les côtés du dodécagone en moyenne et extrême raison.
AB/A2 = BA/B1 = BC/B4 = CB/C3, etc. ≈ Φ.

Ce tracé simple est suffisamment précis pour être satisfaisant.

En joignant les sommets de deux en deux, de trois en trois, de quatre en quatre ou de cinq en cinq, on obtient des dodécagones étoilés. Ici, on a joint les sommets de cinq en cinq.

1-18 Tridécagone

(13 côtés) Tracé et PMER des côtés

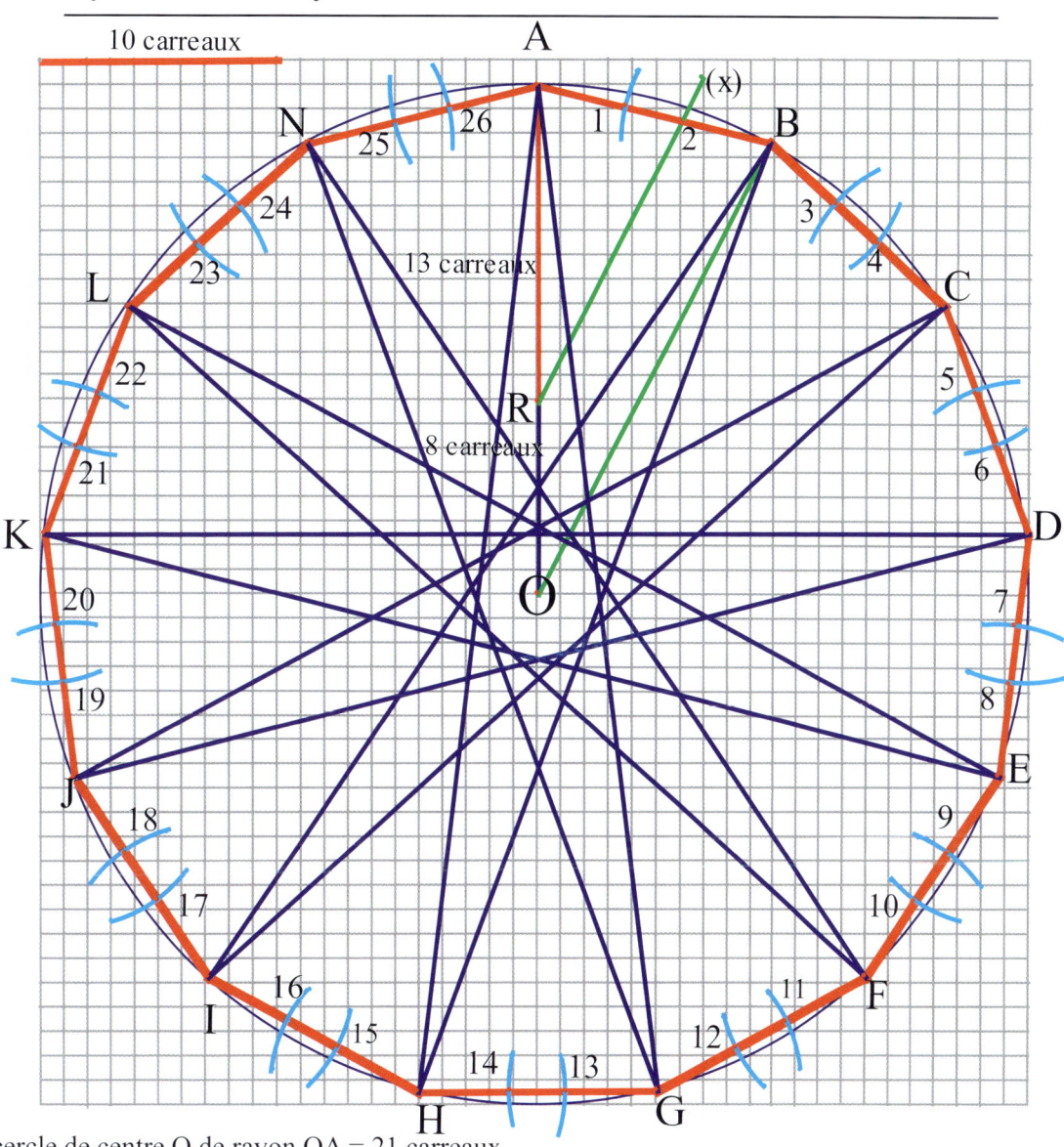

Soit un cercle de centre O de rayon OA = 21 carreaux.
À partir du point A, porter 13 fois une corde de 10 carreaux sur le cercle.
On obtient le tridécagone ABCDEFGHIJKLN. Angle au centre = 360°/13 = 27,7°.

Partage des côtés en moyenne et extrême raison
Soit le point R sur [OA] tel que AR = 13 carreaux. OR = 8 carreaux.
Tracer la parallèle R(x) à (OB) par le point R. Cette parallèle coupe [AB] au point 2.
À partir de chaque sommet, tracer un arc de rayon A2 qui coupe les côtés du tridécagone aux points 1 à 26.
Chacun de ces points partage les côtés du tridécagone en moyenne et extrême raison.
AB/A2 = BA/B1 = BC/B4 = CB/C3, etc. ≈ Φ.

Ce tracé simple est suffisamment précis pour être satisfaisant.

En joignant les sommets de deux en deux, de trois en trois, de quatre en quatre, de cinq en cinq ou de six en six, on obtient des tridécagones étoilés. Ici, on a joint les sommets de six en six.

Nota : Le côté du tridécagone est fonction de Φ.
En effet, le rapport diamètre / côté = 42/10 = 4,2 est sensiblement égal à $Φ^3$ (voir Lexique).

1-19 Tétradécagone

(14 côtés) Tracé et PMER des côtés

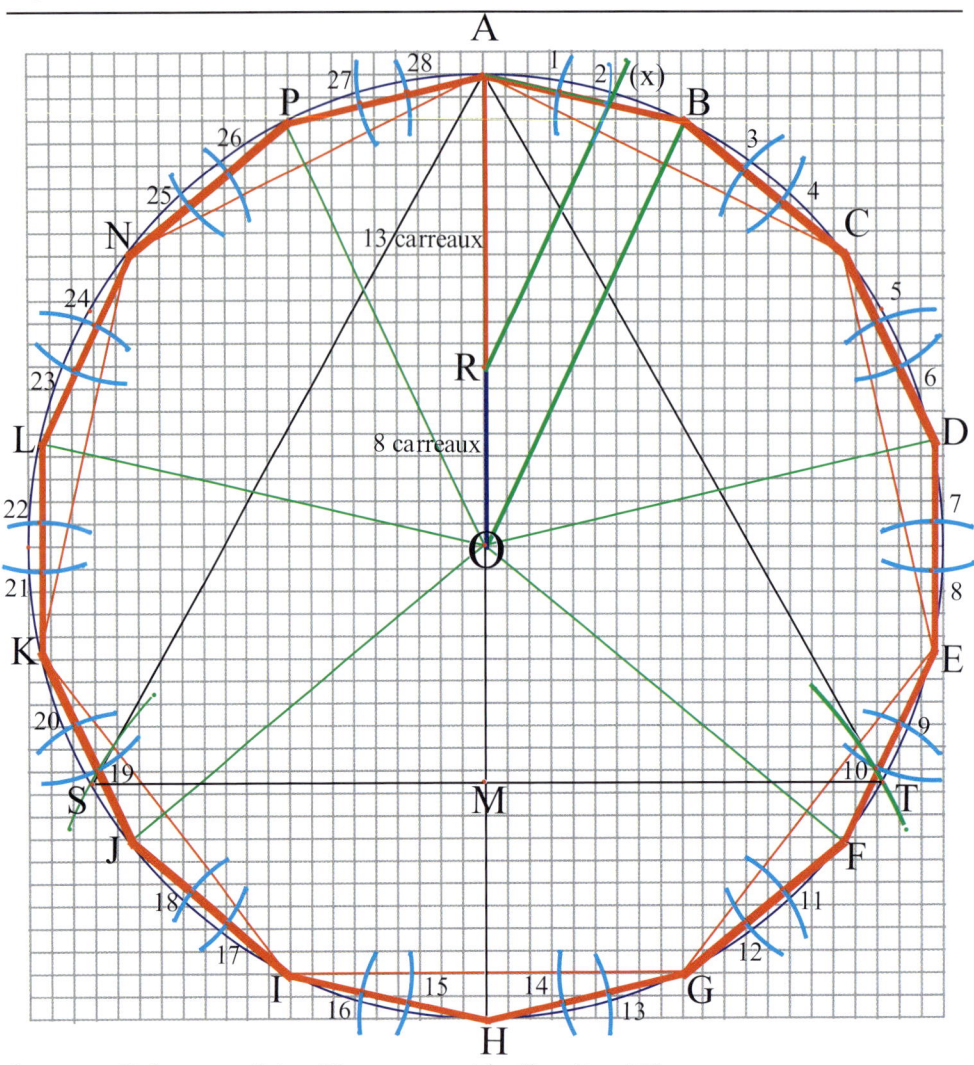

Soit un cercle de centre O de rayon OA = 21 carreaux et le diamètre AH.

L'arc de centre H de rayon HO coupe le cercle en S et T. Le triangle AST est équilatéral.
OH coupe ST en leur milieu M. SM est la corde de l'heptagone inscrit dans ce cercle.
À partir du point A, porter sept fois la longueur de la corde [SM] sur le cercle.
On obtient l'heptagone ACEGIKN.
Tracer les bissectrices des angles au centre de l'heptagone.
Elles coupent le cercle en B, D, F, J, L et P.
On obtient le tétradécagone ABCDEFGHIJKLNP. Angle au centre : 360°/14 = 25,7°.

Partage des côtés en moyenne et extrême raison
Soit le point R sur OA tel que AR= 13 carreaux. OR = 8 carreaux.
Tracer la parallèle R(x) à (OB) par le point R. Cette parallèle coupe [AB] au point 2.
À partir de chaque sommet, tracer un arc de rayon A2 qui coupe les côtés du tétradécagone aux points 1 à 28.
Chacun de ces points partage les côtés du tétradécagone en moyenne et extrême raison.
AB/A2 = BA/B1 = BC/B4 = CB/C3, etc. ≈ Φ.

Ce tracé simple est suffisamment précis pour être satisfaisant.

En joignant les sommets de deux en deux, de trois en trois, de quatre en quatre, de cinq en cinq ou de six en six, on obtient des tétradécagones étoilés.

1-20 Pentédécagone

(15 côtés) Tracé et PMER des côtés

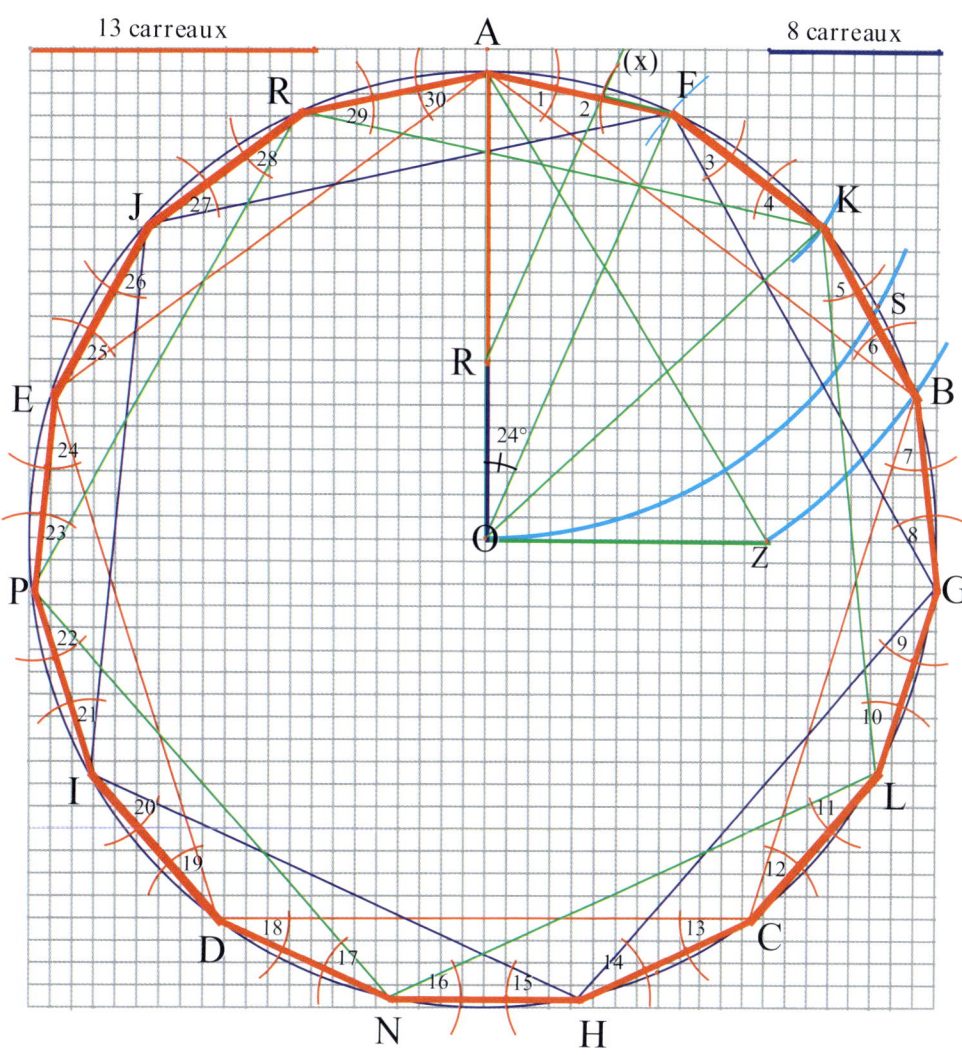

Soit le pentagone régulier ABCDE inscrit dans un cercle de centre O de rayon OA = 21 carreaux.

L'arc de centre A de rayon 21 carreaux coupe le cercle en S. L'angle AOS = 60°.

L'arc de centre S de rayon 13 carreaux coupe le cercle en F. L'angle SOF = 36°.
L'angle AOF = 60° - 36° = 24°. C'est l'angle au centre d'un pentédécagone (360°/15 = 24°).
F est un des sommets du pentédécagone à construire.

La bissectrice de l'angle FOB coupe le cercle en K.
K est un autre sommet du pentédécagone à construire.

Avec le rayon [AZ], côté d'un pentagone inscrit dans ce cercle, tracer les pentagones FGHIJ et KLNPR.

En joignant tous les sommets, on obtient le pentédécagone ABCDEFGHIJKLNPR.

Partage des côtés en moyenne et extrême raison.

Soit le point R sur [OA] tel que AR = 13 carreaux. OR = 8 carreaux.
Tracer la parallèle R(x) à (OB) par le point R. Cette parallèle coupe [AB] au point 2.
À partir de chaque sommet, tracer un arc de rayon A2 qui coupe les côtés du pentédécagone aux points 1 à 30.
Chacun de ces points partage les côtés du pentédécagone en moyenne et extrême raison.

En joignant les sommets de trois en trois, on obtient une étoile régulière formée par la superposition de trois pentagones réguliers identiques.

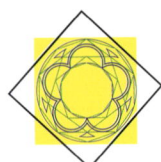

1-21 Pentédécagones étoilés

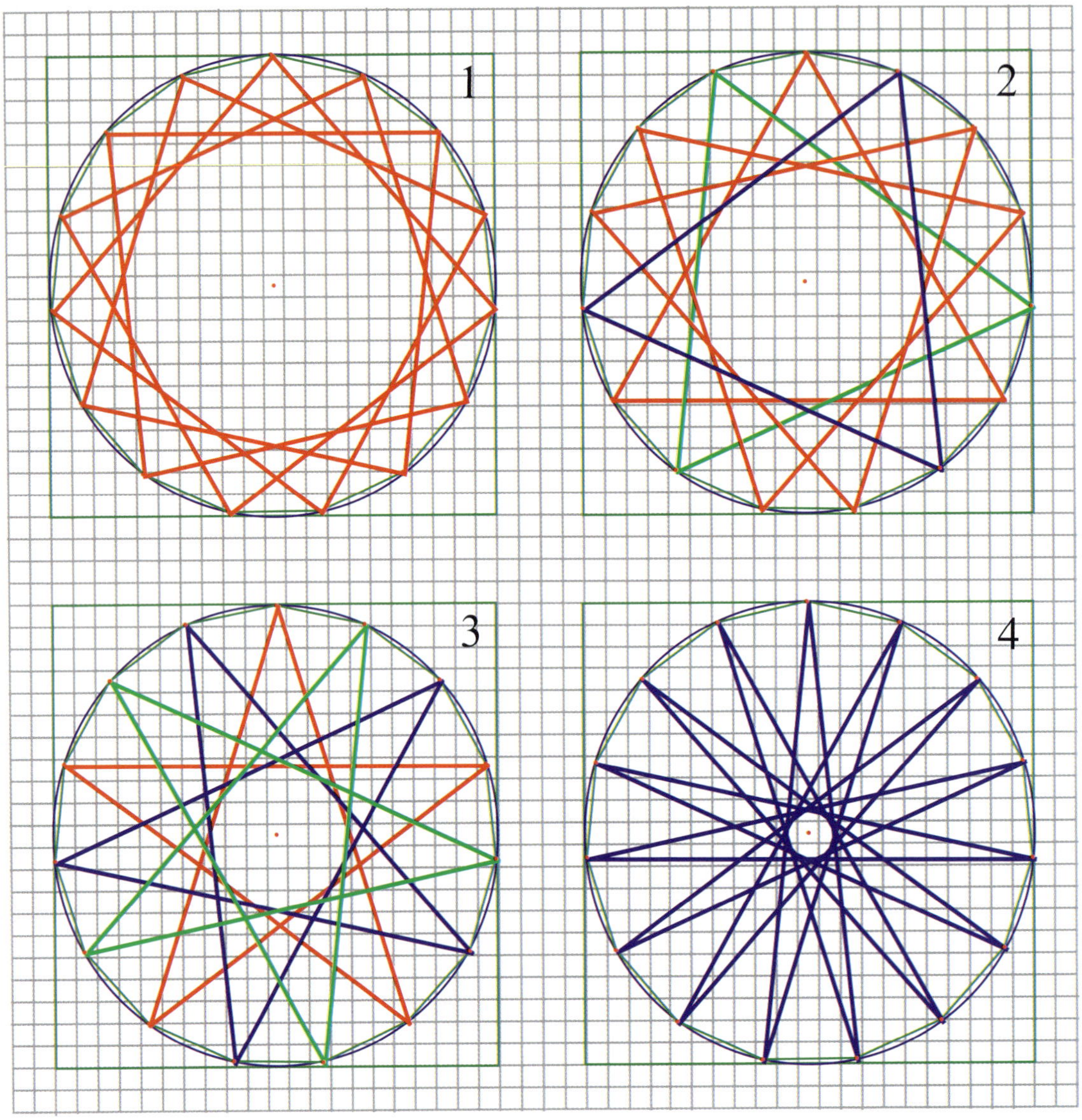

Voir le Tracé **1-20**

Dans un polygone de plus de six côtés, il y a plusieurs possibilités de tracer un polygone étoilé.

Dans le cas du pentédécagone (15 côtés), il existe cinq possibilités de pentadécagone étoilé et une étoile régulière.

La première serait de relier les points deux à deux. Essayez de le faire !

Voici les quatre autres :

- Points reliés de quatre en quatre (Pentédécagone 1 sur cette page).

- Points reliés de cinq en cinq (Pentédécagone 2 sur cette page).
  Dans le cas du pentédécagone, cela engendre cinq triangles égaux et équilatéraux.

- Points reliés de six en six (Pentédécagone 3 sur cette page).

- Points reliés de sept en sept (Pentédécagone 4 sur cette page).

1-22 Ellipses d'or

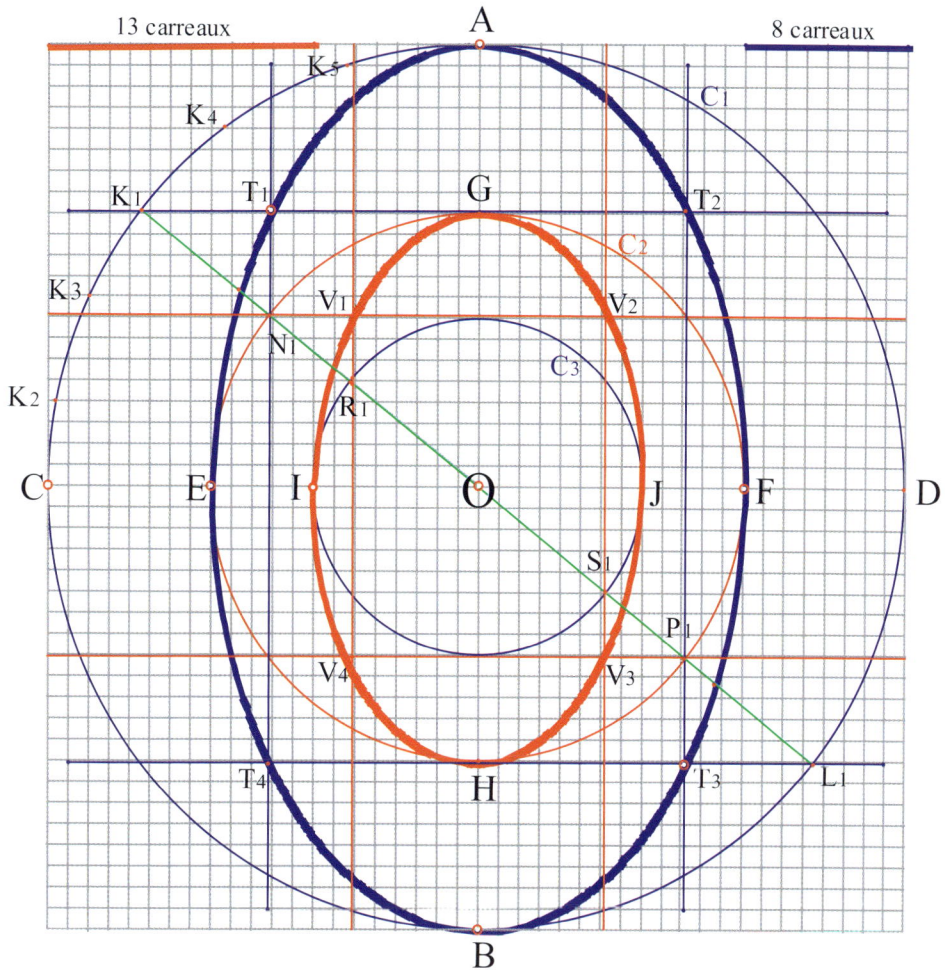

Soit trois cercles concentriques C_1, C_2 et C_3 de centre O, de rayon 21, 13 et 8 carreaux.
Soit les diamètres perpendiculaires AB et CD dans le cercle C_1.
Soit les points G et H sur AB et le cercle C_2, les points E et F sur CD et le cercle C_2, et les points I et J sur CD et le cercle C_3.

Procédure pour la construction des ellipses d'or (exploitation astucieuse du papier quadrillé)
Choisir un point K_1, sur l'arc AC sur C_1 tel qu'il se trouve sur une ligne du papier quadrillé.
Le diamètre $K_1 - L_1$ coupe C_2 en N_1 et P_1 et C_3 en R_1 et S_1.

Les parallèles à (CD) passant par K_1 et L_1 coupent les parallèles à (AB) passant par N_1 et P_1 aux points T_1, T_2, T_3 et T_4. Ce sont quatre points de la grande ellipse. Cette ellipse passe aussi par les points A, F, B et E.

De même, les parallèles à (CD) passant par N_1 et P_1 coupent les parallèles à (AB) passant par R_1 et S_1 aux points V_1, V_2, V_3 et V_4. Ce sont quatre points de la petite ellipse. Cette ellipse passe aussi par les points G, J, H et I.

Choisir d'autres points sur l'arc AC (K_2, K_3, K_4, K_5, par exemple) sur C_1 tel qu'ils se trouvent eux aussi sur une ligne du papier quadrillé et répéter la même procédure pour obtenir d'autres points pour chaque ellipse d'or.
Remarque : un point sur C_1 ou C_2 permet de déterminer quatre points d'une ellipse d'or.

La grande ellipse d'or a pour grand axe AB = 42 carreaux et pour petit axe EF = 26 carreaux.
La petite ellipse d'or a pour grand axe GH = 26 carreaux et pour petit axe IJ = 16 carreaux.

AB/EF = 42/26 = 21/13 ≈ Φ et GH/IJ = 26/16 = 13/8 ≈ Φ.
Ces deux ellipses sont des ellipses d'or.

1-23 Ellipses d'or

Entrelacs

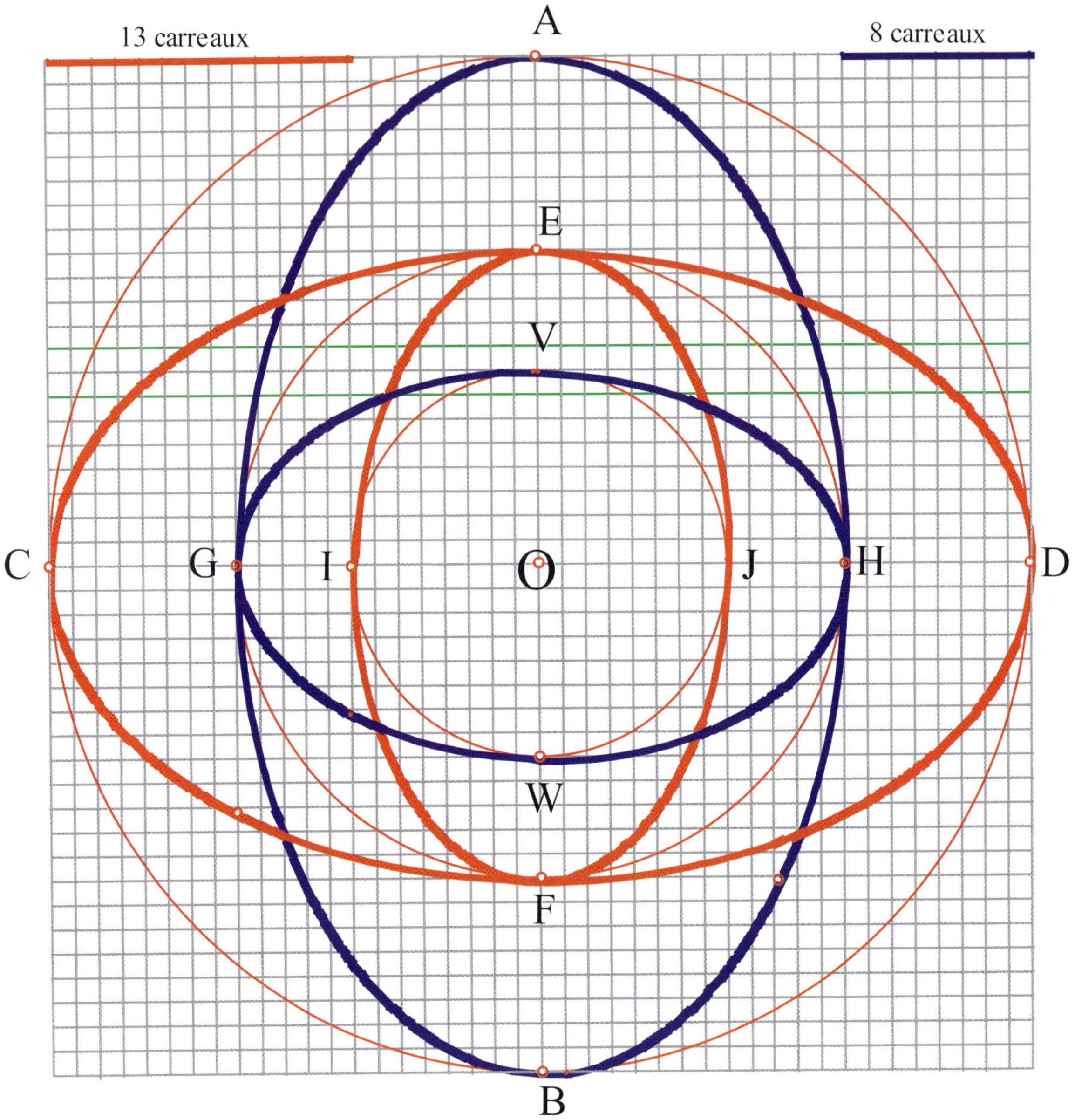

Voir le Tracé **1-22**

Soit la grande ellipse d'or et la petite ellipse d'or.

Répéter la procédure indiquée.

Cette fois, la nouvelle grande ellipse d'or a pour grand axe CD = 42 carreaux et pour petit axe EF = 26 carreaux.
La nouvelle petite ellipse d'or a pour grand axe GH = 26 carreaux et pour petit axe VW = 16 carreaux.
On a encore :
CD/EF = 42/26 = 21/13 ≈ Φ   et GH/VW = 26/16 = 13/8 ≈ Φ.

Ce tracé simple est suffisamment précis pour être satisfaisant.

1-24 Mandorles d'or

ou Anneaux d'or

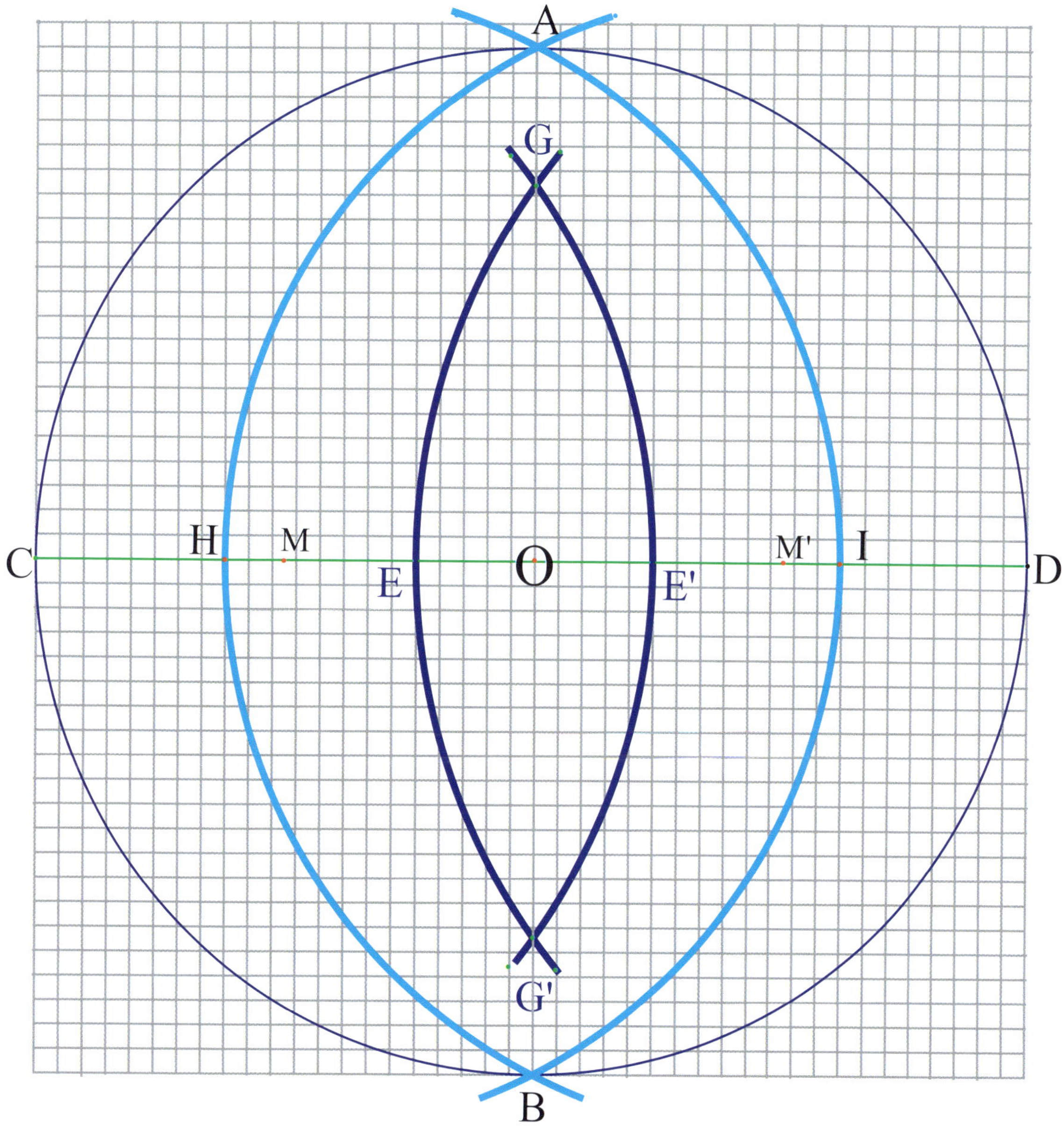

Soit un cercle de centre O de rayon OA = 21 carreaux. Le diamètre AB = 42 carreaux.
Sur [CD] placer les points E et E' tel que OE = OE' = 5 carreaux.
Sur [CD], placer les points M et M' milieux de OC et de OD respectivement.

Tracé des mandorles d'or ou anneaux d'or
- CE' = DE = 21 + 5 = 26 carreaux. CD/CE' = DC/DE = 42/26 = 21/13 ≈ Φ.
  L'arc de centre C de rayon CE' coupe l'arc de centre D de rayon DE en G et G'.
  GEG'E' est une mandorle d'or. Elle est parfois appelée mandorle gothique.
- De M et M' comme centre tracer un arc de rayon MA. Ces deux arcs se coupent en A et B et coupent [CD] en H et I.
  AB/HI = 42/26 = 21/13 ≈ Φ.
  AHBI est une mandorle d'or. Elle est parfois appelée mandorle romane.

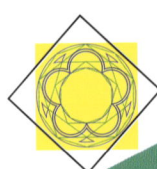

1-25 Synthèse des constructions

des cordes de polygones de 3 à 15 et de 24 côtés inscrits dans un cercle de 21 carreaux de rayon

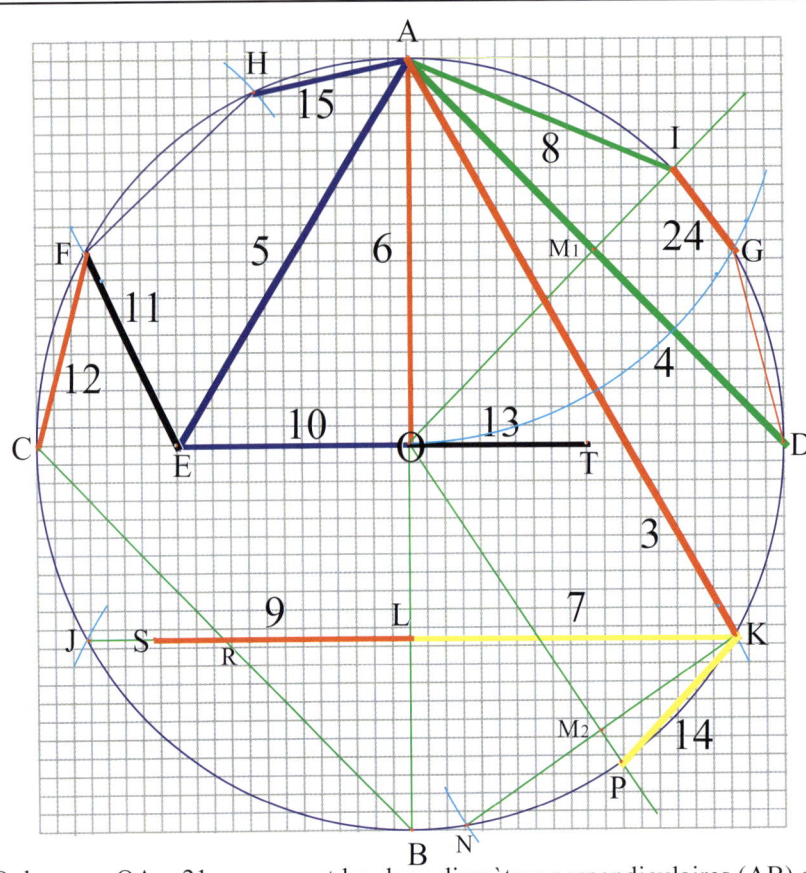

Soit un cercle de centre O de rayon OA = 21 carreaux et les deux diamètres perpendiculaires (AB) et (CD).
Soit le point E tel que OE = 13 carreaux. OC/OE = 21/13 ≈ Φ.
L'arc de centre A de rayon AO coupe le cercle en F et G.
L'arc de centre F de rayon OE coupe le cercle en H.
Soit M_1 le milieu de [AD]. La demi-droite [OM_1) coupe le cercle en I.
L'arc de centre B de rayon OB coupe le cercle en J et K.
[OB] et [JK] se coupent en leur milieu respectif L.
L'arc de centre K de rayon KL coupe le cercle en N.
Soit M_2 le milieu de [KN]. La demi-droite [OM_2) coupe le cercle en P.
[CB] coupe [JL] en R. Soit S le milieu de [JR].
Soit le point T sur [OD] tel que OT = 10 carreaux.

On obtient les résultats suivants* :

AK : côté du triangle équilatéral	(3 - 120°)	OE : côté du décagone	(10 – 36°)
AD : côté du carré	(4 - 90°)	EF : côté de l'hendécagone	(11 – 32,7°)
AE : côté du pentagone	(5 - 72°)	CF : côté du dodécagone	(12 – 30°)
OA : côté de l'hexagone	(6 – 60°)	OT : côté du tridécagone	(13 – 27,7°)
KL : côté de l'heptagone	(7 – 51,4°)	KP : côté du tétradécagone	(14 – 25°7)
AI : côté de l'octogone	(8 – 45°)	AH : côté du pentédécagone	(15 – 24°)
LS : côté de l'ennéagone	(9 – 40°)	GI : côté d'un polygone de 24 côtés	(24 – 15°)

* (entre parenthèses : le nombre de côtés du polygone suivi de la valeur de son angle au centre).

Pensez à VÉRIFIER L'OUVERTURE DU COMPAS avant chaque report de corde.
Veillez aussi à ce que la MINE DU COMPAS soit TRÈS BIEN AFFÛTÉE.

MATRICES DE DÉCORATION

Triangles divins et pentagone

2-01 Triangles d'or

sublimes et divins

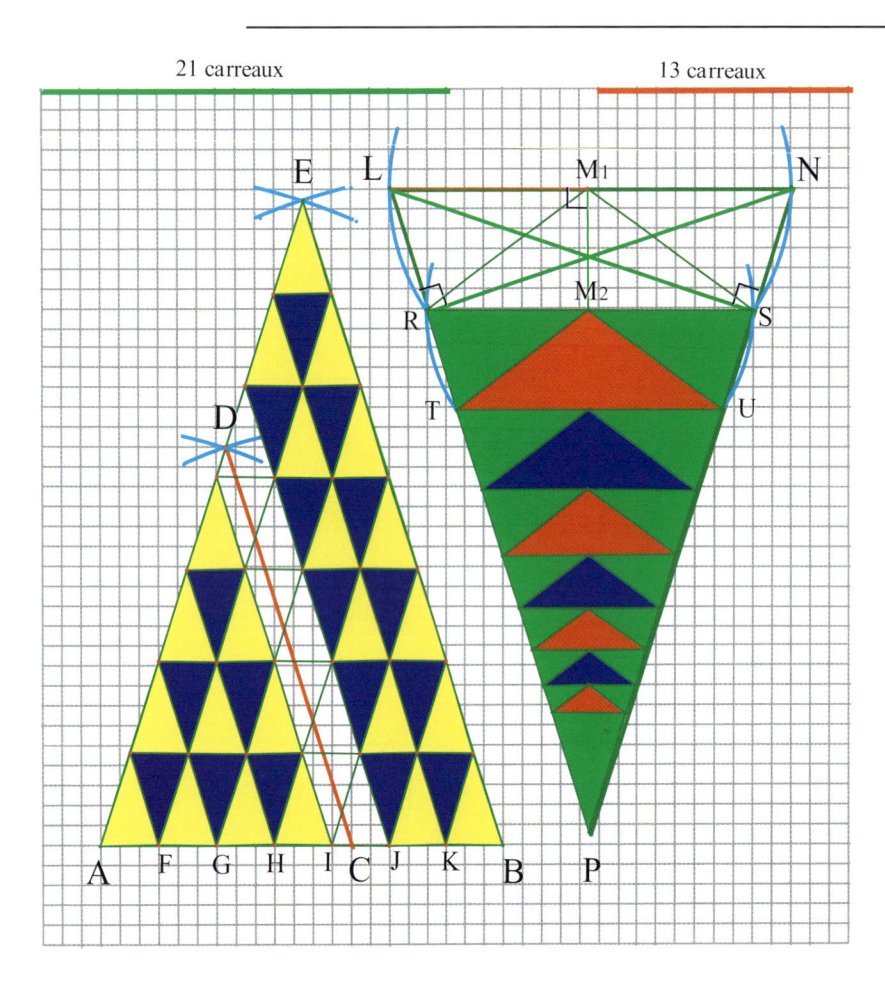

21 carreaux   13 carreaux

Dans un triangle d'or,
le rapport entre
le côté du triangle et sa base est égal à Φ.

Triangle sublime : côté/base = Φ
Triangle sublime : angle à la base = 72°,
angle au sommet = 36°

Triangle divin : base/côté = Φ
Triangle divin : angle à la base = 36°,
angle au sommet = 108°

Construction d'un triangle sublime dont la base est de 21 carreaux (Triangle AEB).
Soit un segment [AB] de 21 carreaux et un point C sur [AB] tel que AC = 13 carreaux.
L'arc de centre A de rayon 21 carreaux coupe l'arc de centre B de même rayon en D.
Le triangle ADC est un triangle sublime : côté/base = 21/13 ≈ Φ.
La parallèle à (CD) passant par B coupe la droite (AD) en E.
Le triangle AEB est un triangle sublime : côté/base = 34/21 ≈ Φ.

Triangles sublimes dans le triangle sublime AEB
Sur [AB], porter les points F, G, H, I, J et K tous distants de 3 carreaux.
Par chaque point, tracer les parallèles à (AE) et à (BE). On obtient une myriade de triangles sublimes de tailles diverses mais dont tous ont le rapport côté/base = Φ.

Triangles divins dans le triangle sublime LPN
Soit le triangle sublime LPN dont la base est de 21 carreaux. Côté/base = 34/21 ≈ Φ.
Soit M_1 le milieu de [LN]. Le cercle de centre M_1 de rayon M_1 - L coupe [LP] en R et [NP] en S.
Le triangle R M_1 S est un triangle divin.
Soit M_2 le milieu de [RS]. Le cercle de centre M_2 de rayon M_2 - R coupe [LP] en T et [NP] en U.
Le triangle T M_2 U est un triangle divin.
Continuer ainsi jusqu'en haut du triangle sublime LPN.

Nota :
- Les triangles LM_1R et N M_1S, ainsi que tous les triangles coloriés en vert, sont des triangles sublimes.
- Les triangles divins (dans cette construction) sont des triangles dit orthiques (voir Lexique).

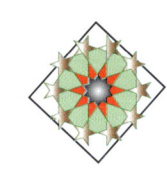

2-02 Rectangle d'or

perspective

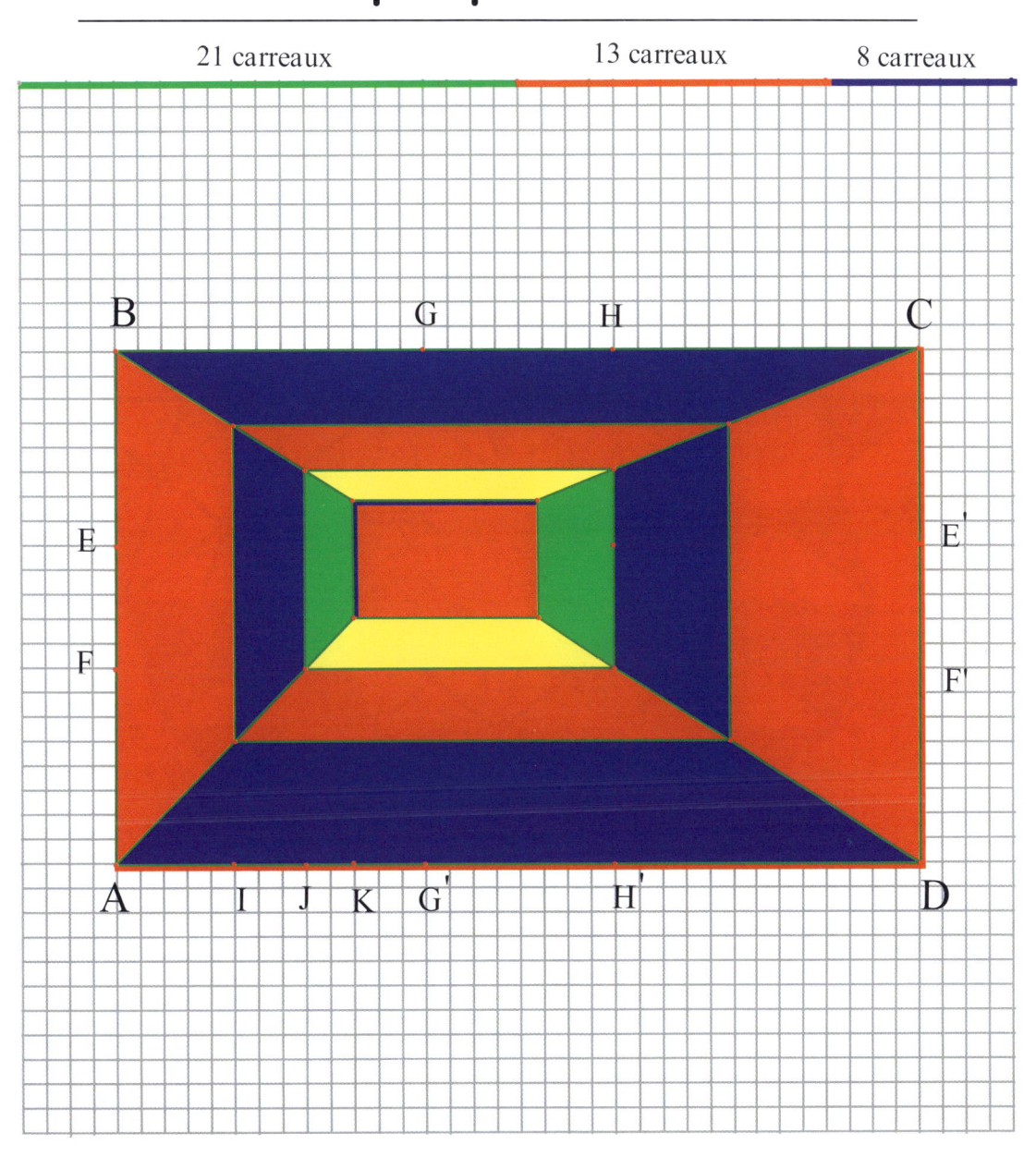

21 carreaux   13 carreaux   8 carreaux

Dans un rectangle d'or,
le rapport Longueur/largeur = Φ.

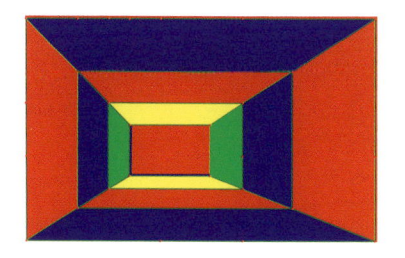

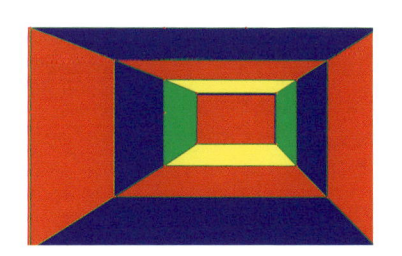

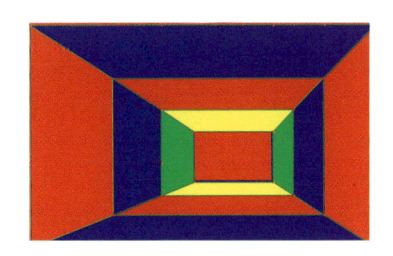

Voir le Tracé **1-04**

On peut choisir l'un des trois autres points d'or pour changer le point de fuite et changer de perspective.

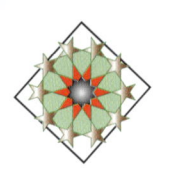

2-03 Pentagone

Pentagones étoilés et Triangles sublimes

Voir le Tracé **1-06**

Voir le Tracé **17 Tome 1**

Dans un pentagone régulier, le rapport diagonale / côté = Φ.

Angle au centre : 360°/5 = 72°, angle interne : 108°.

Soit un cercle de centre O de rayon OA = 21 carreaux.
Soit le pentagone régulier ABCDE dont le côté est égal à l'hypoténuse d'un triangle rectangle AOZ, avec OZ = 13 carreaux, inscrit dans ce cercle et les points 1 à 10 qui partagent les côtés en moyenne et extrême raison.
AB/A2 = BA/B-1, etc. = EA/E10 = AE/A9 ≈ Φ.
Soit les points a, b, c, d et e les points de concours des diagonales du pentagone régulier ABCDE.
AC/Ae = CA/Cd, etc. = EB/Ed = BE/Bc ≈ Φ.

Dans chacun des six pentagones réguliers intérieurs, tel le pentagone régulier A-1-d-c-10, tracer un pentagone étoilé.

Ces pentagones étoilés, ou pentagrammes, délimitent un autre pentagone régulier.
Les diagonales de ce pentagone régulier central a - b - c - d - e permettent de construire les petits triangles sublimes.
Tracer les grands triangles sublimes 1-d-2, 3-e-4, 5-a-6, 7-b-8 et 9-c-10.

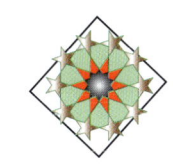

2-04 Pentagone

Triangles d'or et Pentagone central

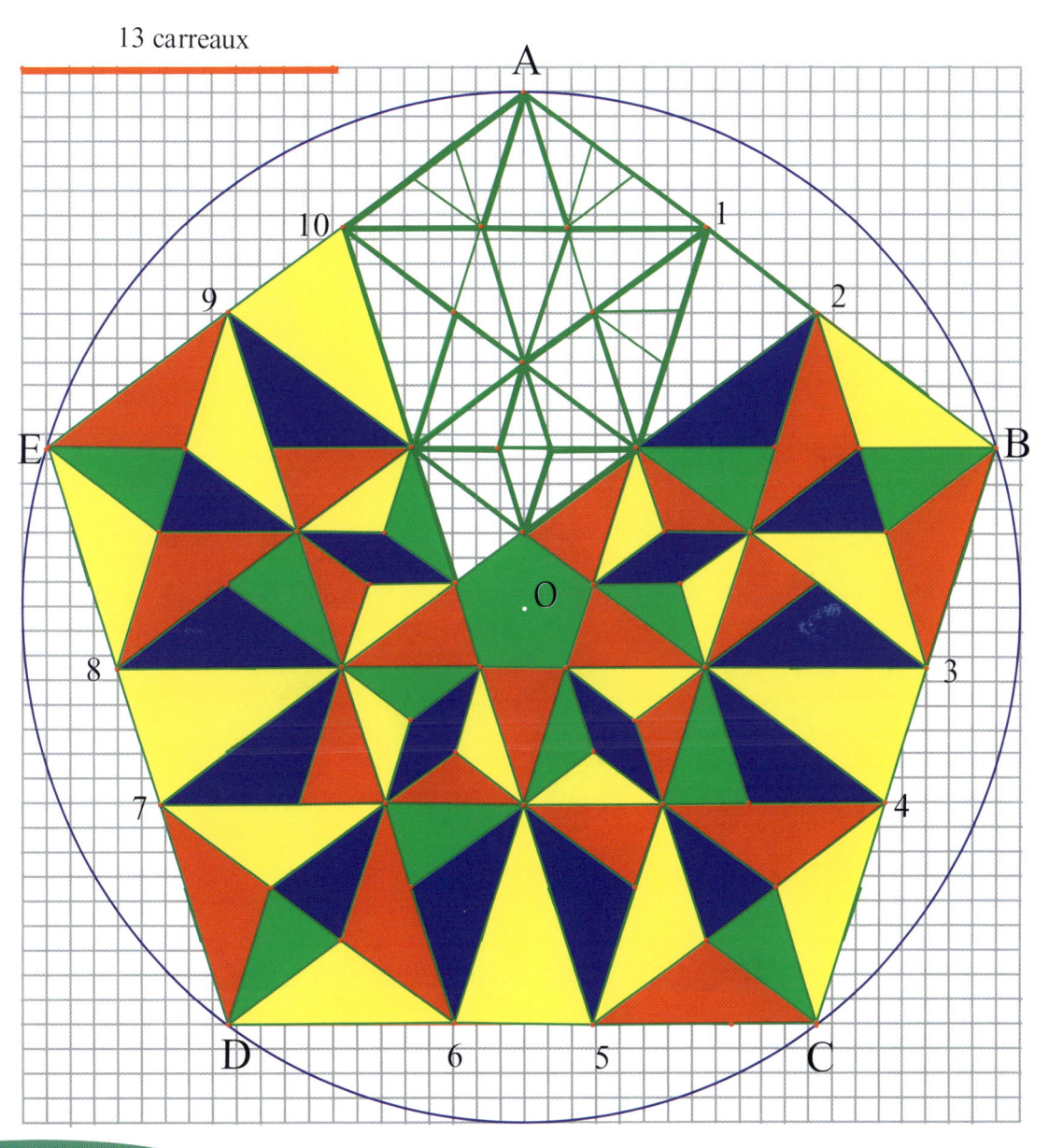

13 carreaux

Dans un pentagone régulier, le rapport diagonale / côté = Φ.

Angle au centre : 360°/5 = 72°, angle interne : 108°.

Voir le Tracé **1-06**

Soit un cercle de centre O de rayon OA = 21 carreaux.
Soit le pentagone régulier ABCDE inscrit dans ce cercle.
Soit les points 1 à 10 qui partagent les côtés en moyenne et extrême raison.

Cette matrice est identique à la Matrice 2-03. On colorie les triangles d'or différemment et on obtient ce qui peut être un puzzle fait uniquement de triangles d'or, sublimes et divins, avec, au centre, un pentagone régulier.

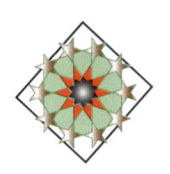

2-05 Pentagones et Losanges

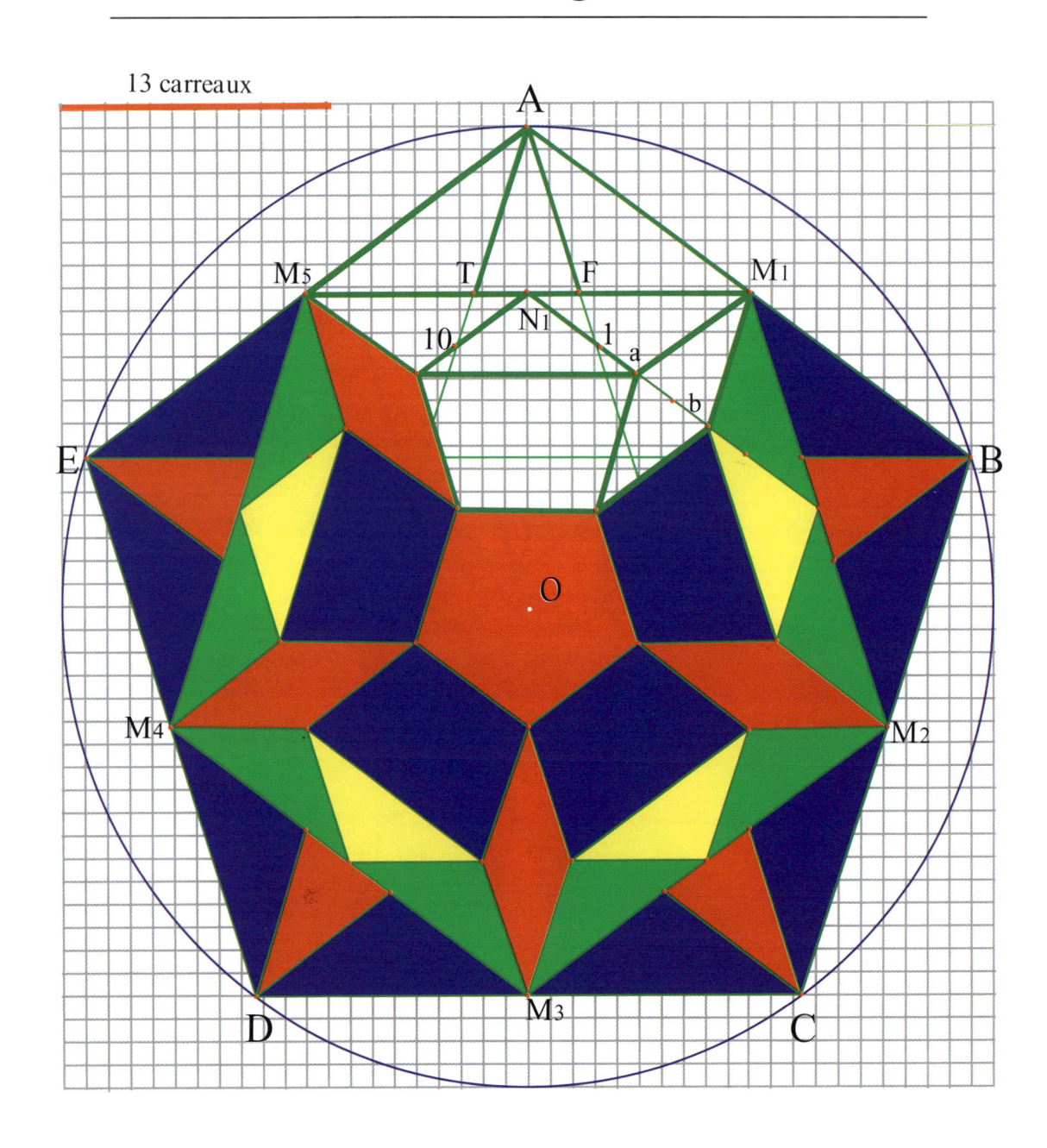

13 carreaux

Voir le Tracé **1-08**

Dans un pentagone régulier, le rapport diagonale / côté = Φ.

Angle au centre : 360°/5 = 72°, angle interne : 108°.

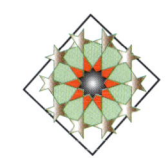

2-06 Pentagone

Puzzle

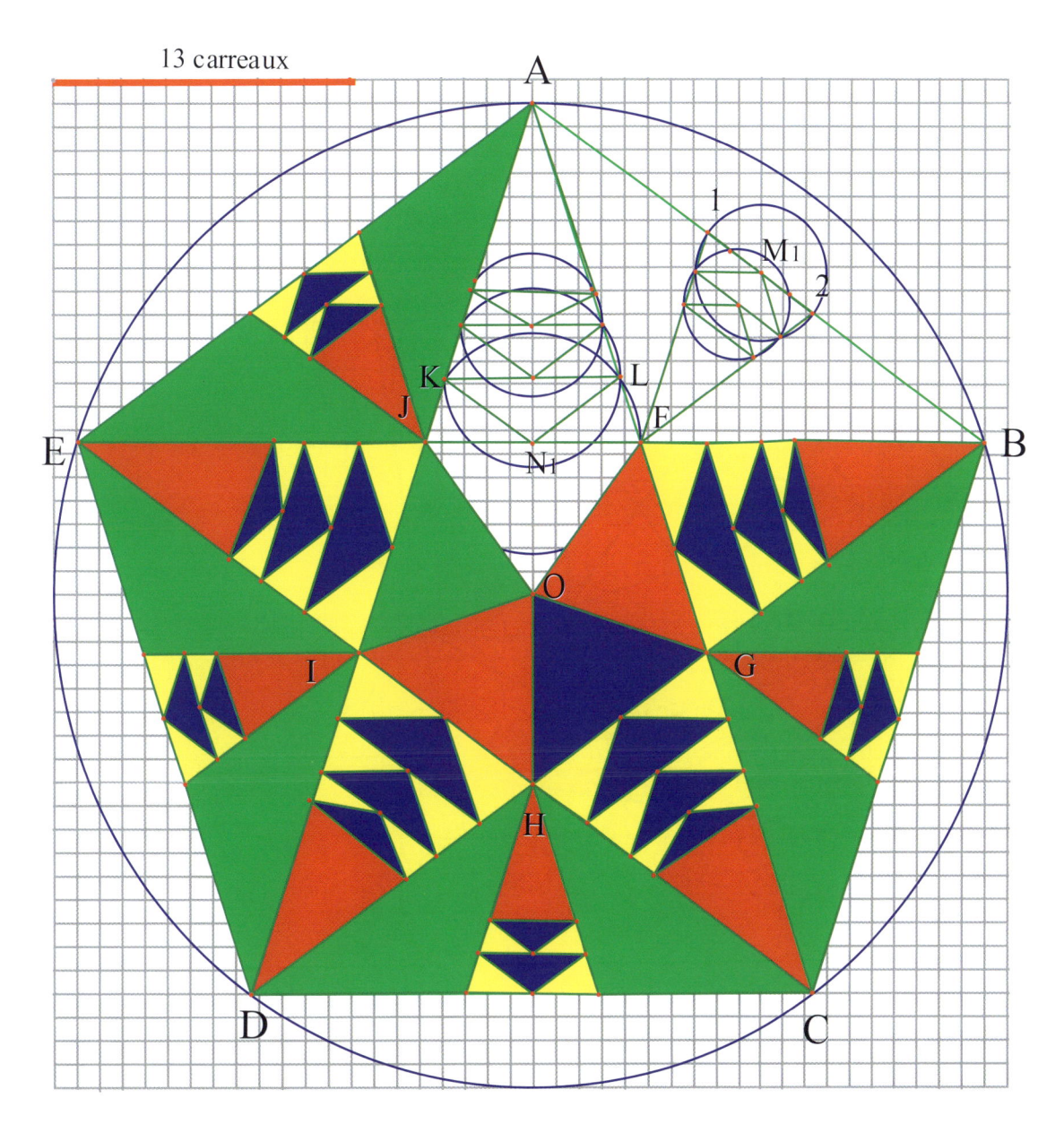

13 carreaux

Dans un pentagone régulier, le rapport diagonale / côté = Φ.

Angle au centre : 360°/5 = 72°, angle interne : 108°.

Voir le Tracé **1-06**

Voir la Matrice **2-01**

Soit un cercle de centre O de rayon OA = 21 carreaux.
Soit le pentagone régulier ABCDE inscrit dans ce cercle.
Soit les points 1 à 10 qui partagent les côtés en moyenne et extrême raison.

Dans le triangle sublime JAF, on trace les triangles divins et sublimes comme dans la Matrice 2-01 (Triangle sublime LPN).

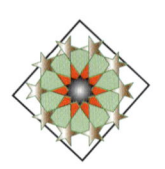

2-07 Pentagone

Tracé d'une spirale d'or

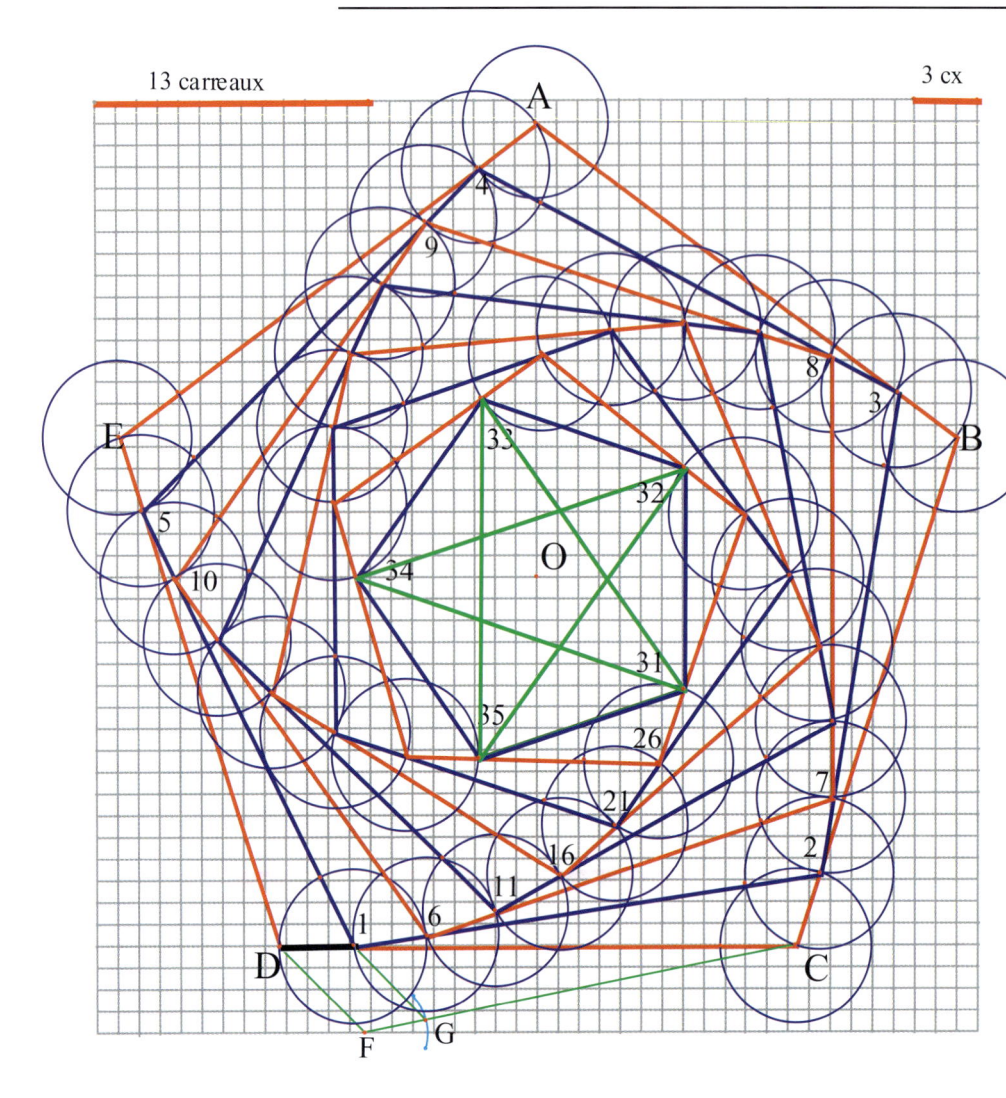

13 carreaux   3 cx

Dans un pentagone régulier, le rapport diagonale / côté = Φ.

Angle au centre : 360°/5 = 72°, angle interne : 108°.

Soit le pentagone régulier ABCDE construit dans un cercle de 21 carreaux de côté.

Partage des côtés du pentagone régulier en sept parties égales
L'arc de centre C de rayon 21 carreaux coupe le bas de la grille en F.
L'arc de centre F de rayon 3 carreaux coupe [CF] en G. FG = 1/7 de CF.

Tracer [FD] et de G mener la parallèle à (FD) qui coupe [DC] au point 1.
La longueur du segment [D1] vaut 1/7 de DC.

Tracé de la spirale d'or
Avec un rayon égal à D1, tracer des cercles à partir de chaque sommet du pentagone régulier.
On obtient sur les côtés du pentagone régulier ABCDE les points 2, 3, 4 et 5.
Tracer le nouveau pentagone régulier 1–2–3–4–5.

Avec le pentagone régulier 1-2–3–4–5 comme nouvelle base, répéter la même procédure.
On obtient le pentagone régulier 6-7-8-9-10 - et ainsi de suite, sept fois en tout.

En fin de construction, on réalise le pentagone régulier 31-32-33-34-35 dans lequel on inscrit un pentagone étoilé.

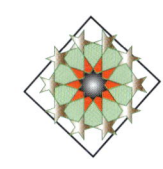

2-08 Etoile à six branches
et Entrelacs de Pentagones étoilés

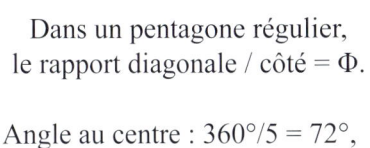

Dans un pentagone régulier, le rapport diagonale / côté = Φ.

Angle au centre : 360°/5 = 72°, angle interne : 108°.

Dans un hexagone régulier, le côté est égal au rayon du cercle circonscrit.

Angle au centre : 360°/6 = 60°, angle interne : 120°.

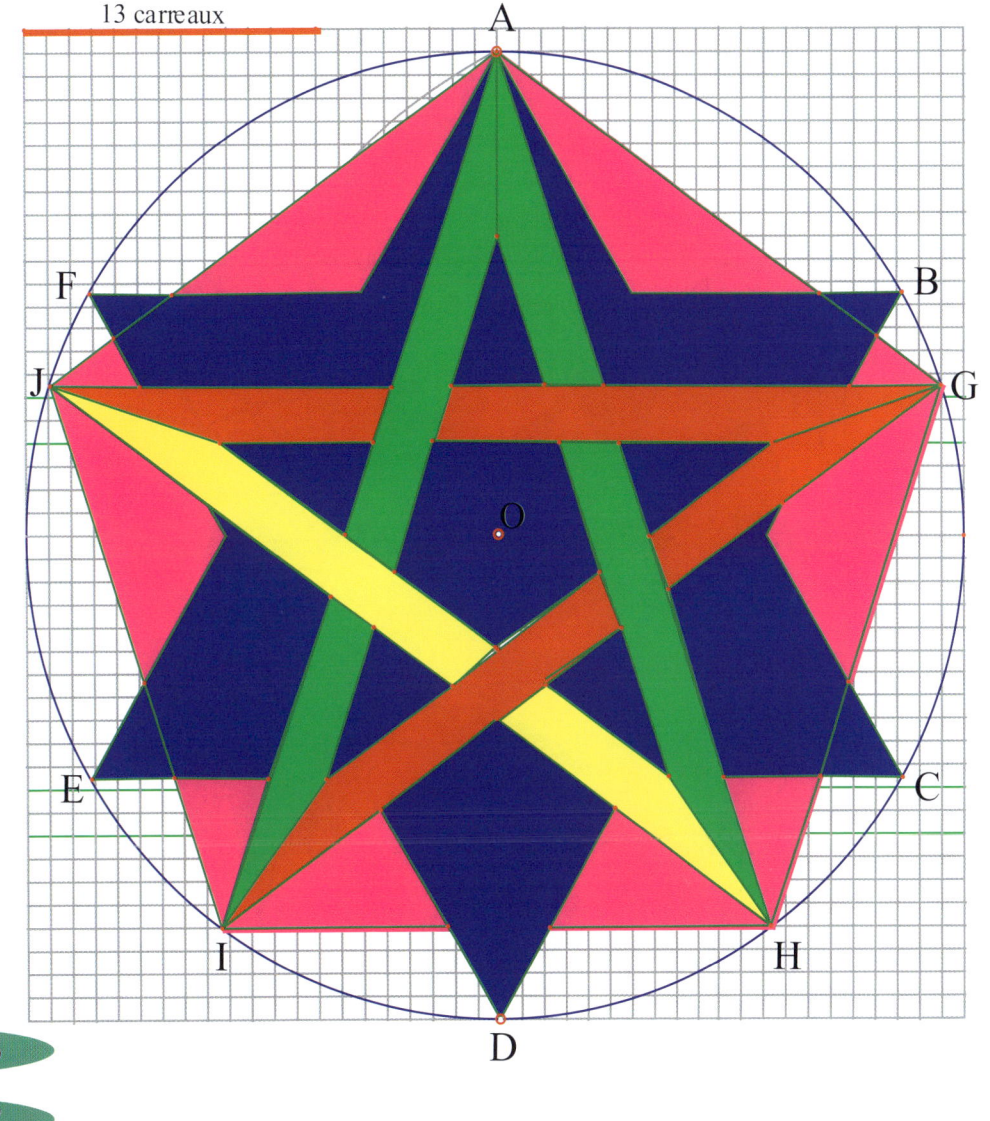

Voir le Tracé **1-06**

Voir le Tracé **1-07**

Voir le Tracé **33 Tome 1**

Soit un cercle de centre O de rayon OA = 21 carreaux.

Tracer l'hexagone régulier ABCDEF et le pentagone régulier AGHIJ inscrits dans ce cercle.
L'hexagone régulier a pour côté 21 carreaux.
Le pentagone régulier a pour côté l'hypoténuse d'un triangle rectangle AOZ, avec OZ = 13 carreaux

Les deux triangles équilatéraux ACE et DFB se croisent et forment un hexagramme.
Tracer le pentagone étoilé inscrit dans le pentagone régulier AGHIJ.

Tracer un deuxième pentagone régulier inscrit dans un cercle de centre O de rayon de 13 carreaux et le nouveau pentagone étoilé inscrit dans ce deuxième pentagone régulier.

Ce tracé simple est suffisamment précis pour être satisfaisant.

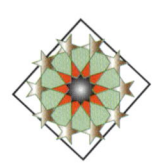

2-09 Heptagone
Ronde de triangles

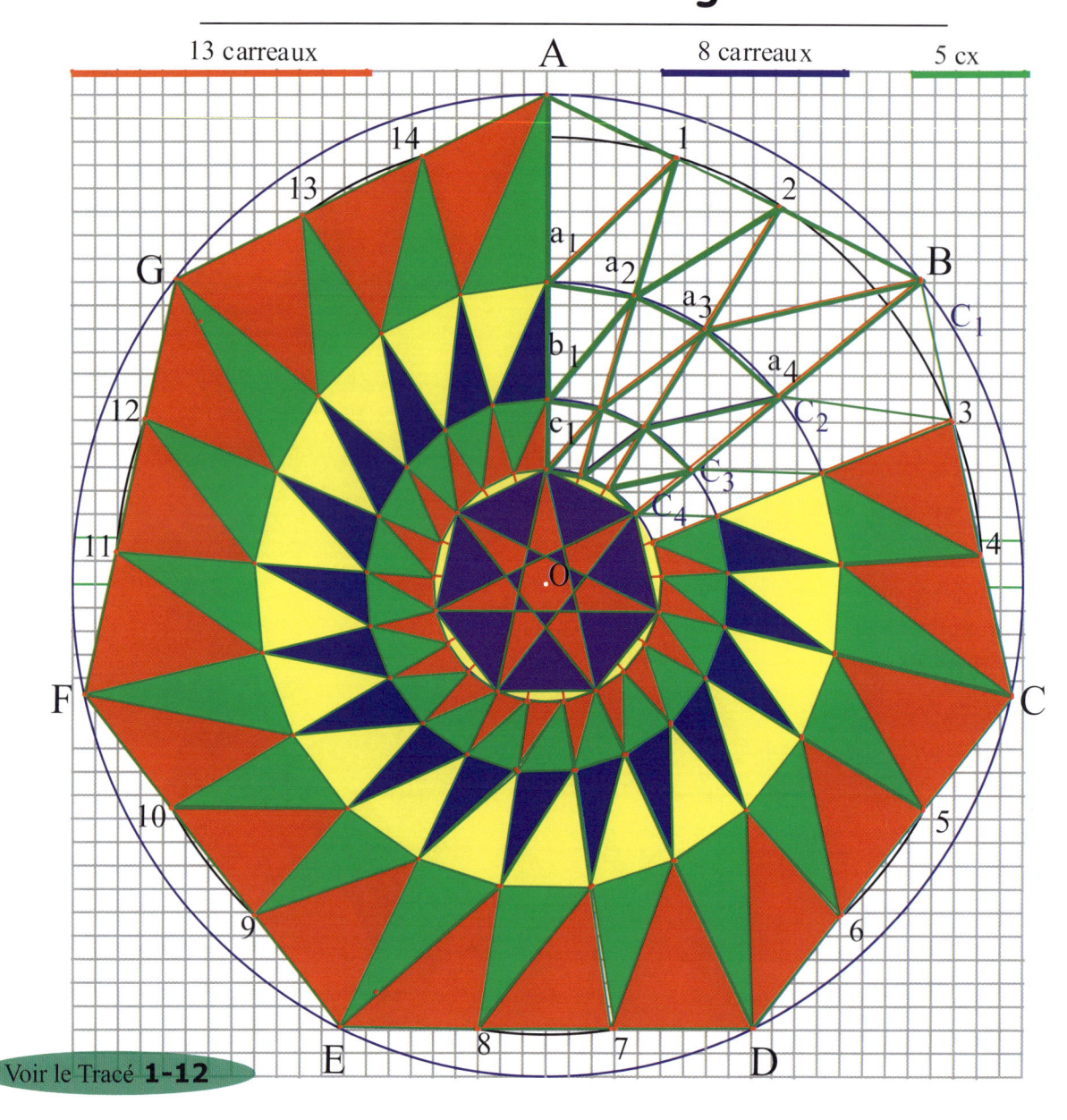

Soit un cercle C_1 de centre O de rayon OA = 21 carreaux et l'heptagone ABCDEFG inscrit dans ce cercle.
Soit les points 1 à 14 qui partagent les côtés en moyenne et extrême raison.
Soit trois autres cercles concentriques C_2, C_3 et C_4 de rayon 13, 8 et 5 carreaux respectivement.

Tracer les rayons OA, O1, O2, OB, O3, etc., OG, O13 et O14.

Le secteur circulaire AOB permet de comprendre la construction.

OA coupe C_2 en a_1, C_3 en b_1 et C_4 en c_1.
O-1 coupe C_2 en a_2, C_3 en b_2 et C_4 en c_2.
O-2 coupe C_2 en a_3, C_3 en b_3 et C_4 en c_3.
OB coupe C_2 en a_4, C_3 en b_4 et C_4 en c_4.

Tracer les triangles comme indiqué sur la matrice.

Ce tracé simple est suffisamment précis pour être satisfaisant.

Voir le Tracé **1-12**

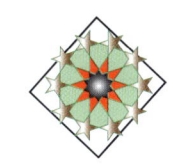

2-10 Octogone

Triangles divins et Flèches

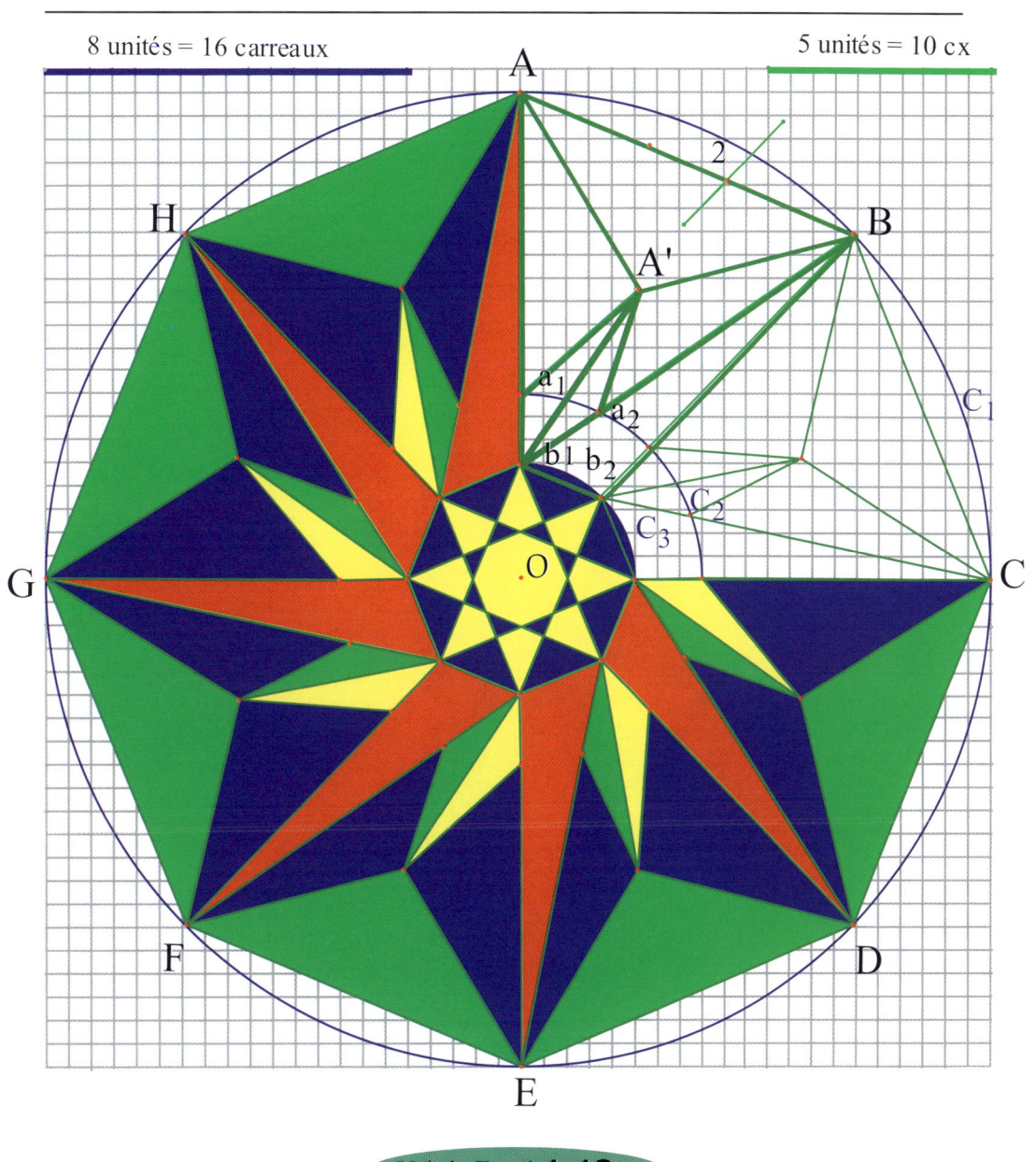

8 unités = 16 carreaux   5 unités = 10 cx

Voir le Tracé **1-13**

Soit un cercle C_1 de centre O de rayon OA = 21 carreaux, l'octogone régulier ABCDEFGH inscrit dans ce cercle et le point 2 qui partage [AB] en moyenne et extrême raison.

Soit deux autres cercles C_2 et C_3 de centre O et de rayon 8 et 5 carreaux respectivement.

Les deux secteurs circulaires AOB et BOC de l'octogone régulier permettent de comprendre la construction.

L'arc de centre A de rayon A-2 = 10 carreaux coupe l'arc de centre B de même rayon au point A'.
Le triangle AA'B est un triangle divin.
OA coupe C_2 en a_1 et C_3 en b_1, B-b_1 coupe C_2 en a_2, OB coupe C_3 en b_2.

Tracer les triangles comme indiqué sur la matrice.

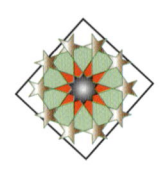

2-11 Octogone

Spirale

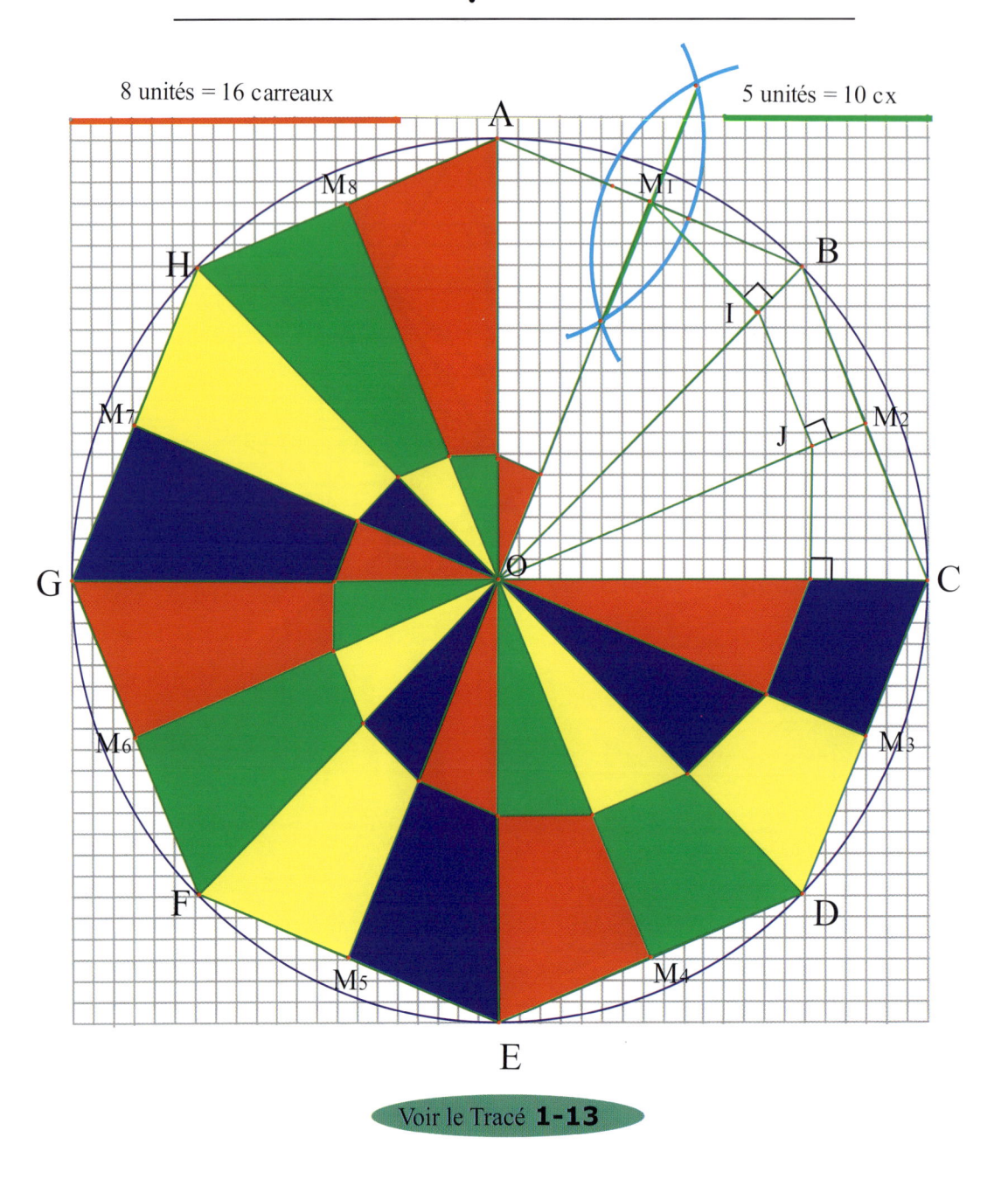

8 unités = 16 carreaux

5 unités = 10 cx

Voir le Tracé **1-13**

Soit un cercle de centre O et de rayon OA = 21 carreaux et l'octogone régulier ABCDEFGH inscrit dans ce cercle.
Soit les points M_1 à M_8 les milieux des côtés de cet octogone régulier.

Les deux secteurs circulaires AOB et BOC permettent de comprendre la construction.

Par O mener les rayons rejoignant les sommets.

La perpendiculaire à (OB) menée de M_1 milieu de [AB], coupe (OB) en I.
M_1IB est un triangle rectangle en I.
La perpendiculaire à (OM_2) menée de I coupe (OM_2) en J.

Continuer ces tracés...

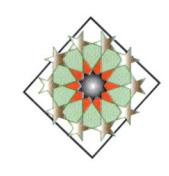

2-12 Ennéagone
Flèches

Construction valable pour tout polygone de côté égal à 13 carreaux

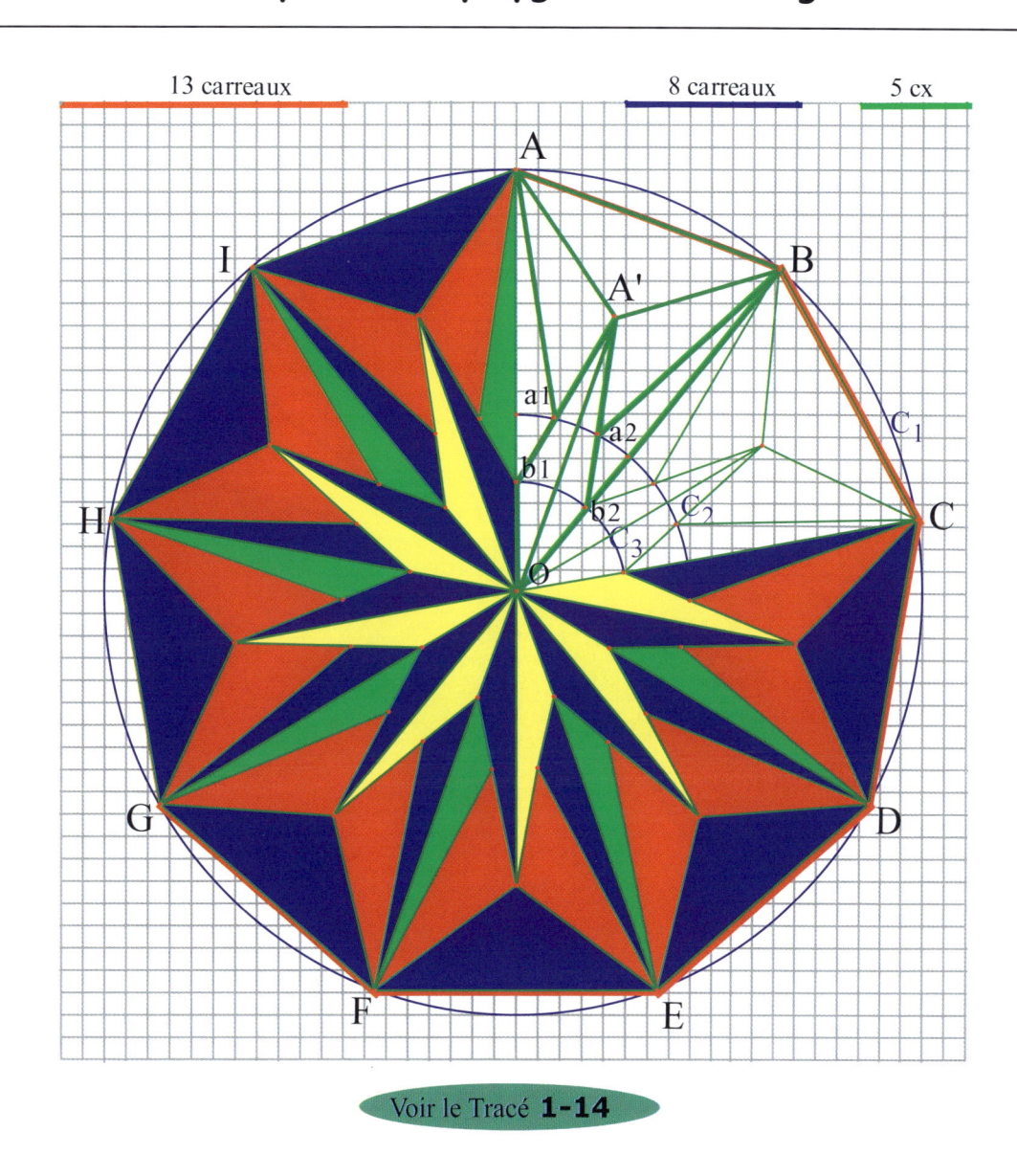

Voir le Tracé **1-14**

Soit l'ennéagone ABCDEFGHI de côté 13 carreaux inscrit dans un cercle C_1 de centre O de rayon OA = 19 carreaux. Soit deux cercles concentriques C_2 et C_3 de rayon 8 et 5 carreaux respectivement.

Les deux secteurs circulaires AOB et BOC de l'ennéagone permettent de comprendre la construction.

L'arc de centre A de rayon 8 carreaux coupe l'arc de centre B de même rayon au point A'.
Le triangle AA'B est un triangle divin.
OA coupe C_3 en b_1 et OB coupe C_3 en b_2.
A' b_1 coupe C_2 en a_1 et A' b_2 coupe C_2 en a_2.

Tracer les triangles comme indiqué sur la matrice.

2-13 Décagone

Eventail

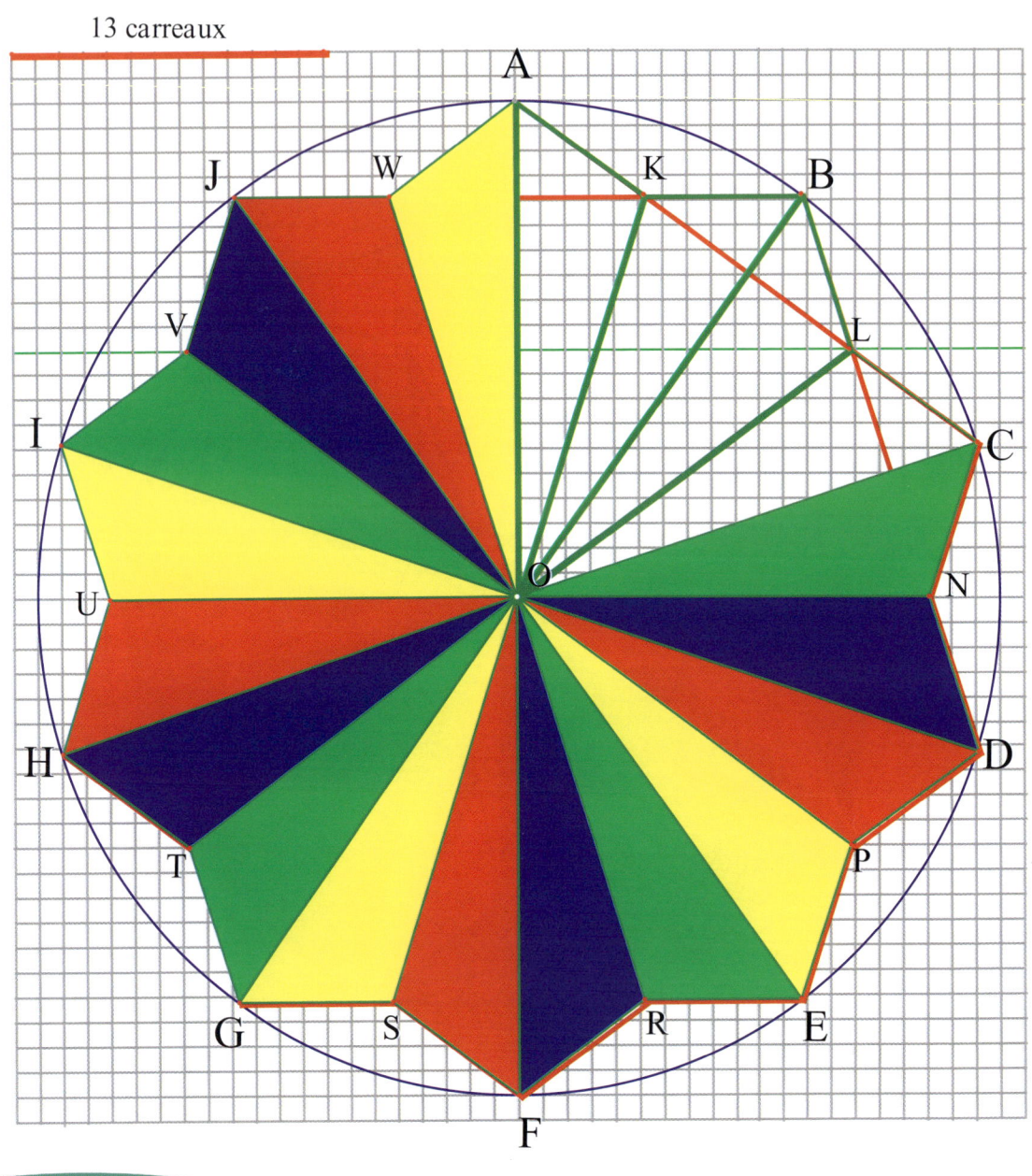

13 carreaux

Voir le Tracé **1-15**

Dans un décagone régulier, le rapport rayon du cercle circonscrit / côté = Φ.

Angle au centre : 36°, angle intérieur : 144°.

Soit le décagone régulier ABCDEFGHIJ construit à partir de deux pentagones réguliers inversés.

Soit les points K à W les points de rencontre de ces deux pentagones réguliers.

Les deux secteurs circulaires AOB et BOC de ce décagone régulier permettent de comprendre la construction.

Tracer les triangles comme indiqué sur la matrice.

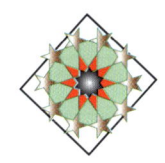

2-14 Décagone

Soleil

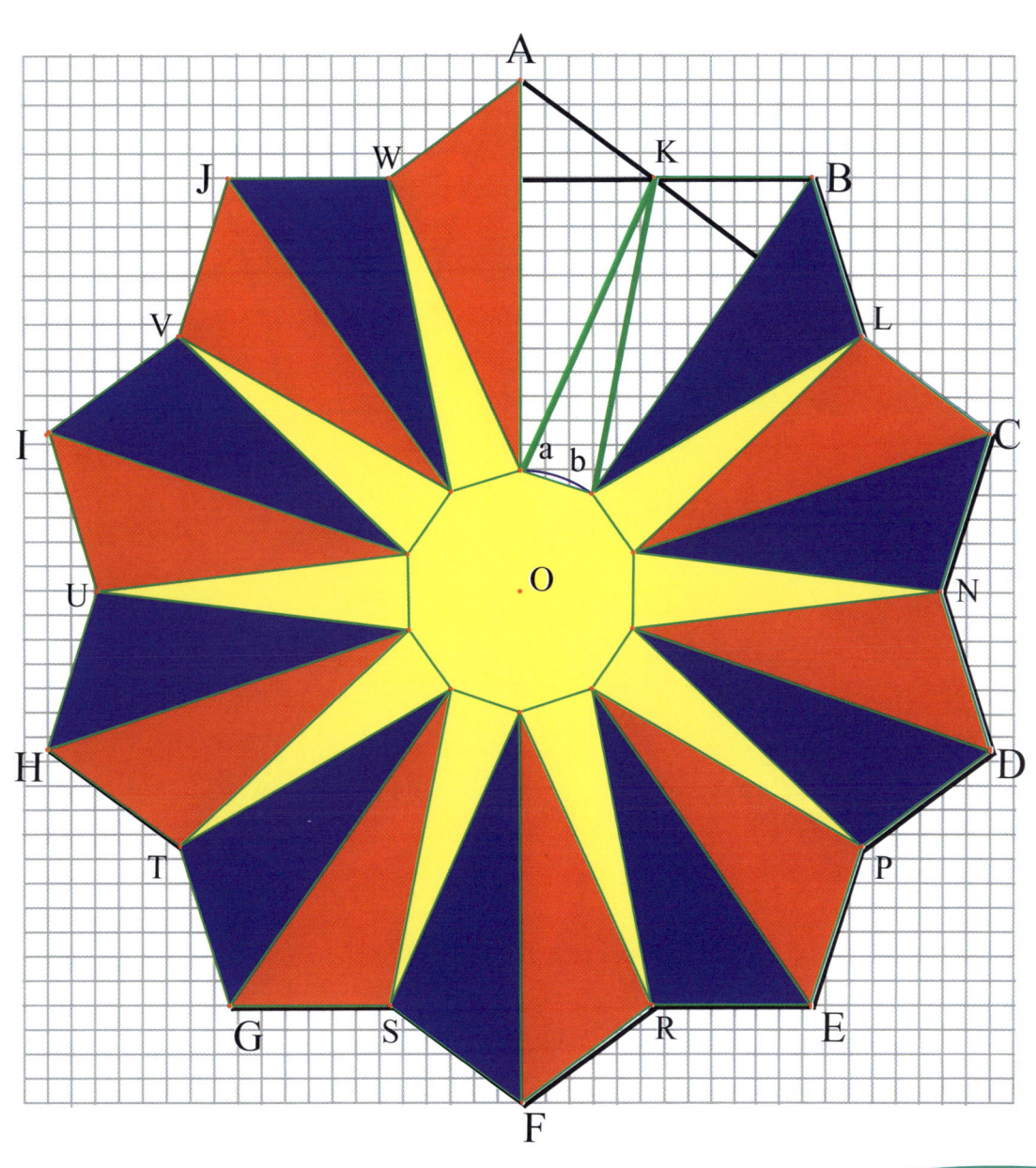

Dans un décagone régulier,
le rapport rayon du cercle circonscrit / côté = Φ.

Angle au centre : 36°, angle intérieur : 144°.

Voir le Tracé **1-15**

Soit le décagone régulier ABCDEFGHIJ construit à partir de deux pentagones réguliers inversés.

Soit les points K à W les points de rencontre de ces deux pentagones réguliers.

Le secteur circulaire AOB de ce décagone régulier permet de comprendre la construction.

Tracer les triangles comme indiqué sur la matrice.

2-15 Décagone
Losanges

Dans un décagone régulier,
le rapport rayon du cercle circonscrit / côté = Φ.

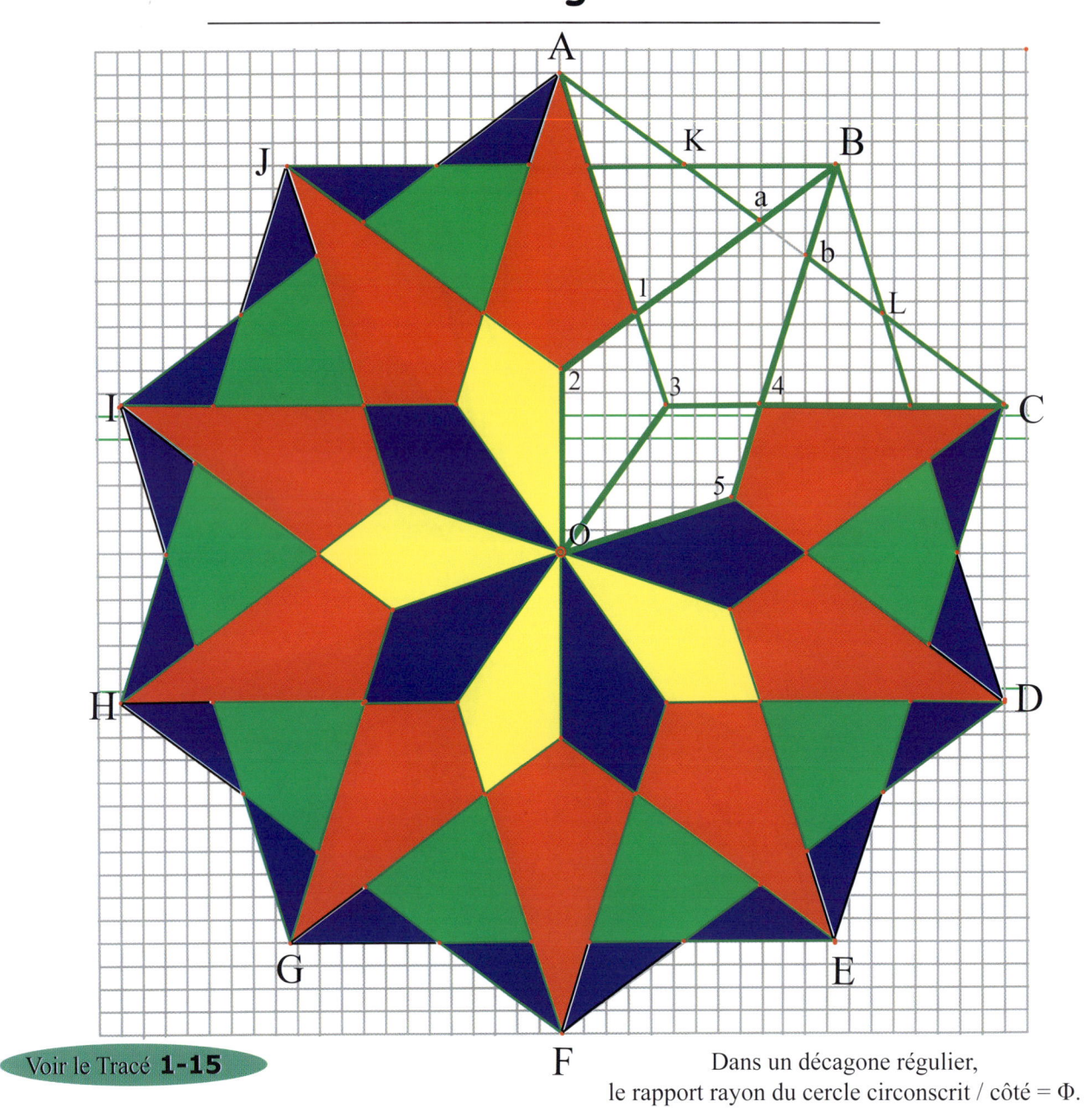

Angle au centre : 36°, angle intérieur : 144°.

Soit le décagone régulier ABCDEFGHIJ construit à partir de deux pentagones réguliers inversés.

Soit les points K à W les points de rencontre de ces deux pentagones réguliers.

Tracer les deux pentagones étoilés inscrits dans les deux pentagones réguliers.

Les deux secteurs circulaires AOB et BOC de ce décagone régulier permettent de comprendre la construction.

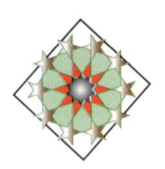

[AC] coupe [BH] en a et [BF] en b, [AE] coupe [BH] en 1 et [OB] en 3, [JD] coupe [OA] en 2 et [BF] en 5, [IC] coupe [BF] en 4.

Tracer les triangles comme indiqué sur la matrice.

Voir le Tracé **1-15**

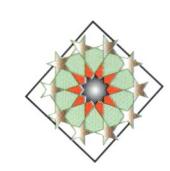

2-16 Décagone

Puzzle

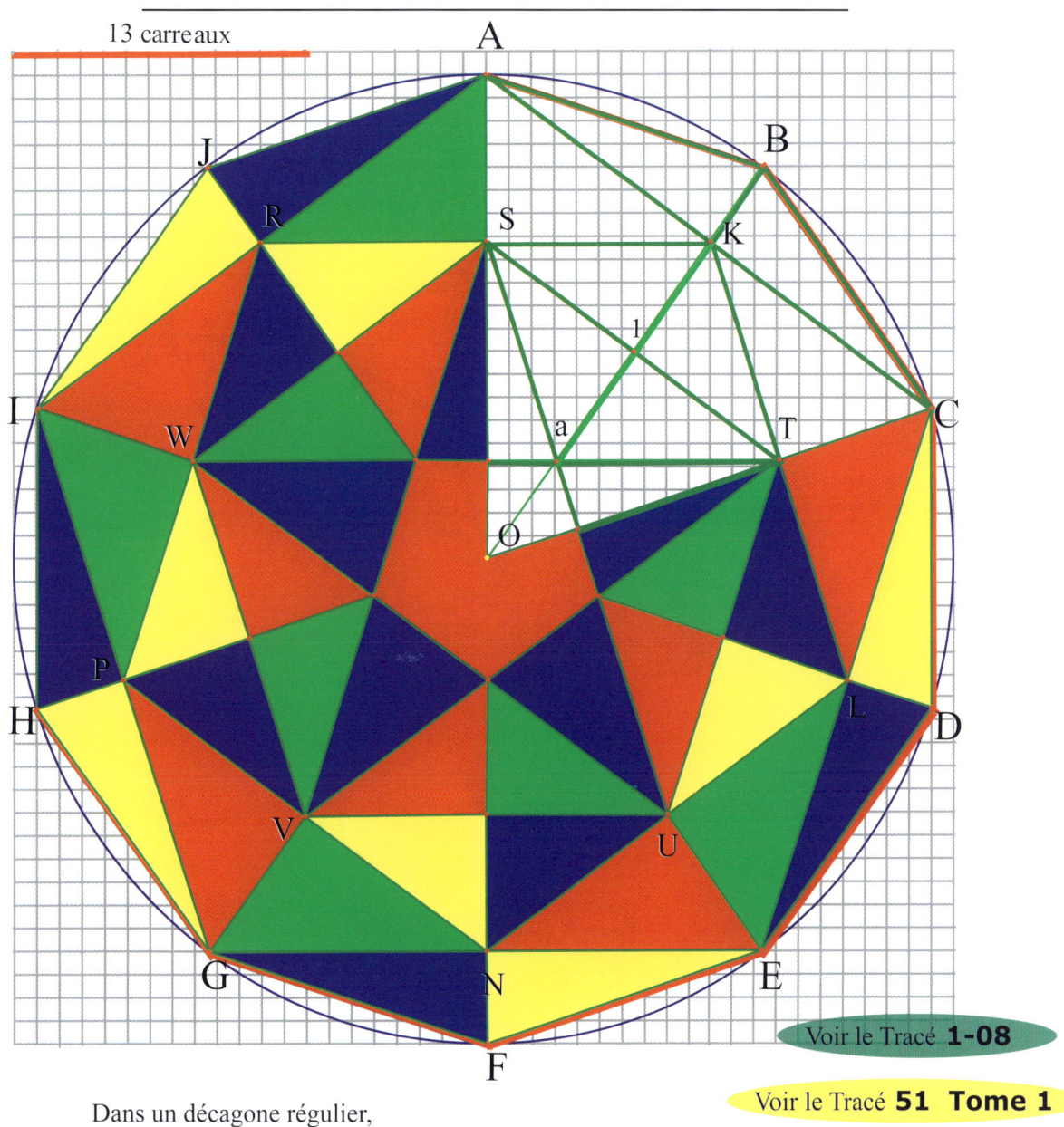

13 carreaux

Dans un décagone régulier,
le rapport rayon du cercle circonscrit / côté = Φ.

Angle au centre : 36°, angle intérieur : 144°.

Voir le Tracé **1-08**

Voir le Tracé **51 Tome 1**

Soit un cercle de centre O de rayon OA = 21 carreaux et le décagone régulier ABCDEFGHIJ de côté AB = 13 carreaux inscrit dans ce cercle.

Soit les trois pentagones réguliers inscrits dans ce décagone régulier.
Le premier pentagone régulier est ACEGI, le deuxième est KLNPR, le troisième est STUVW. À l'intérieur de ce troisième pentagone régulier, on trace un pentagone étoilé.

Les deux secteurs circulaires AOB et BOC de ce décagone régulier permettent de comprendre la construction.

(OB) coupe [ST] en 1 et [SU] en a.
Tracer les triangles comme indiqué sur la matrice.

2-17 Décagone
Losanges

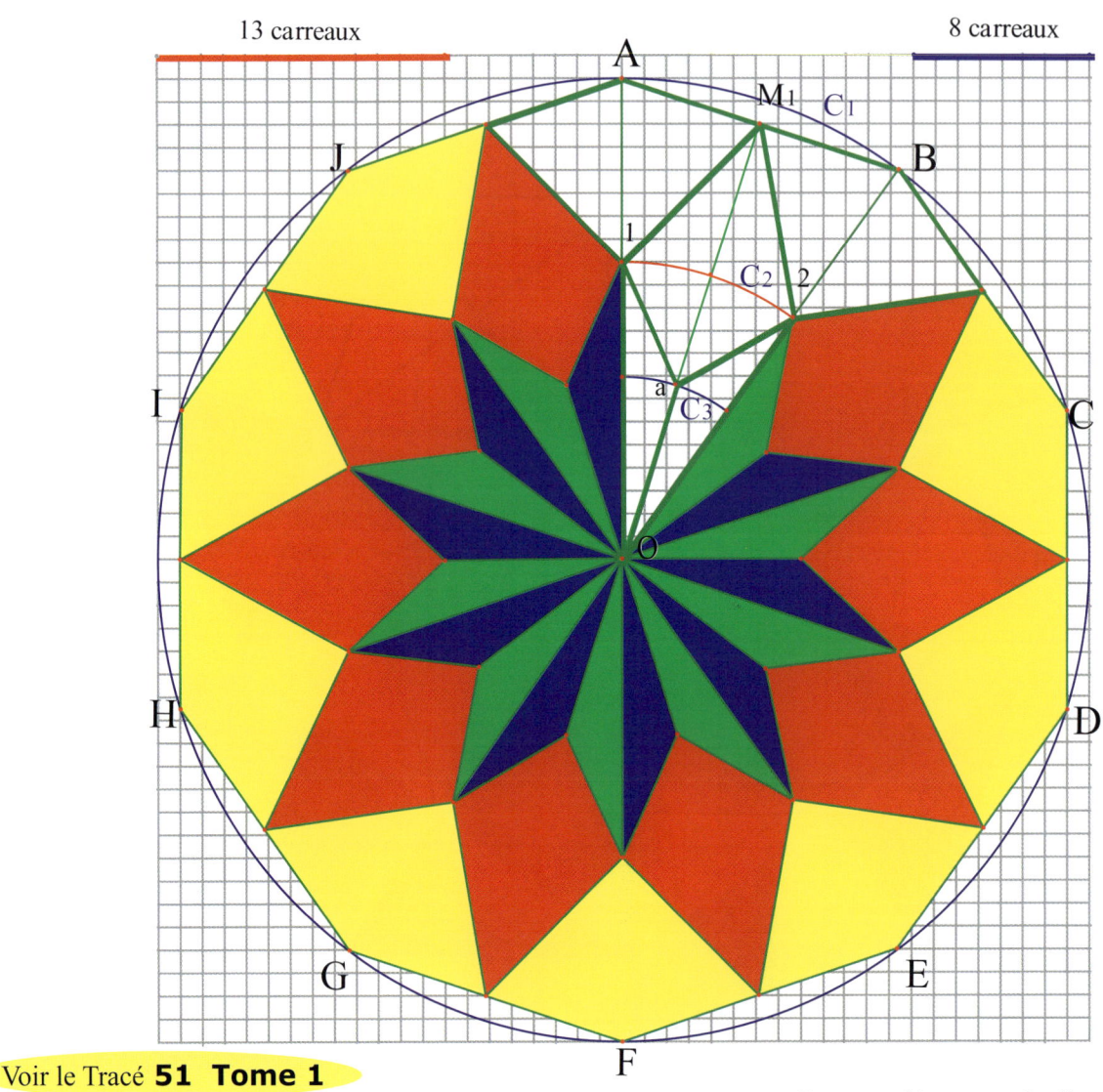

13 carreaux   8 carreaux

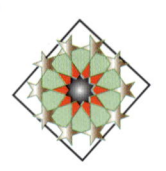

Dans un décagone régulier,
le rapport rayon du cercle circonscrit / côté = Φ.

Angle au centre : 36°, angle intérieur : 144°.

Voir le Tracé **51 Tome 1**

Soit un cercle C_1 de centre O de rayon OA = 21 carreaux et le décagone régulier ABCDEFGHIJ de côté AB = 13 carreaux inscrit dans ce cercle.

Soit les points M_1 à M_{10} les milieux des côtés de ce décagone régulier.
Soit deux cercles concentriques C_2 et C_3 de rayon 13 et 8 carreaux respectivement.

Le secteur circulaire AOB de ce décagone régulier permet de comprendre la construction.

(OA) coupe C_2 en 1, (OB) coupe C_2 en 2 et (OM_1) coupe C_3 en a.

Tracer les triangles comme indiqué sur la matrice.

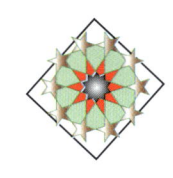

2-18 Décagone

Flèches

Construction valable pour tout polygone de côté égal à 13 carreaux

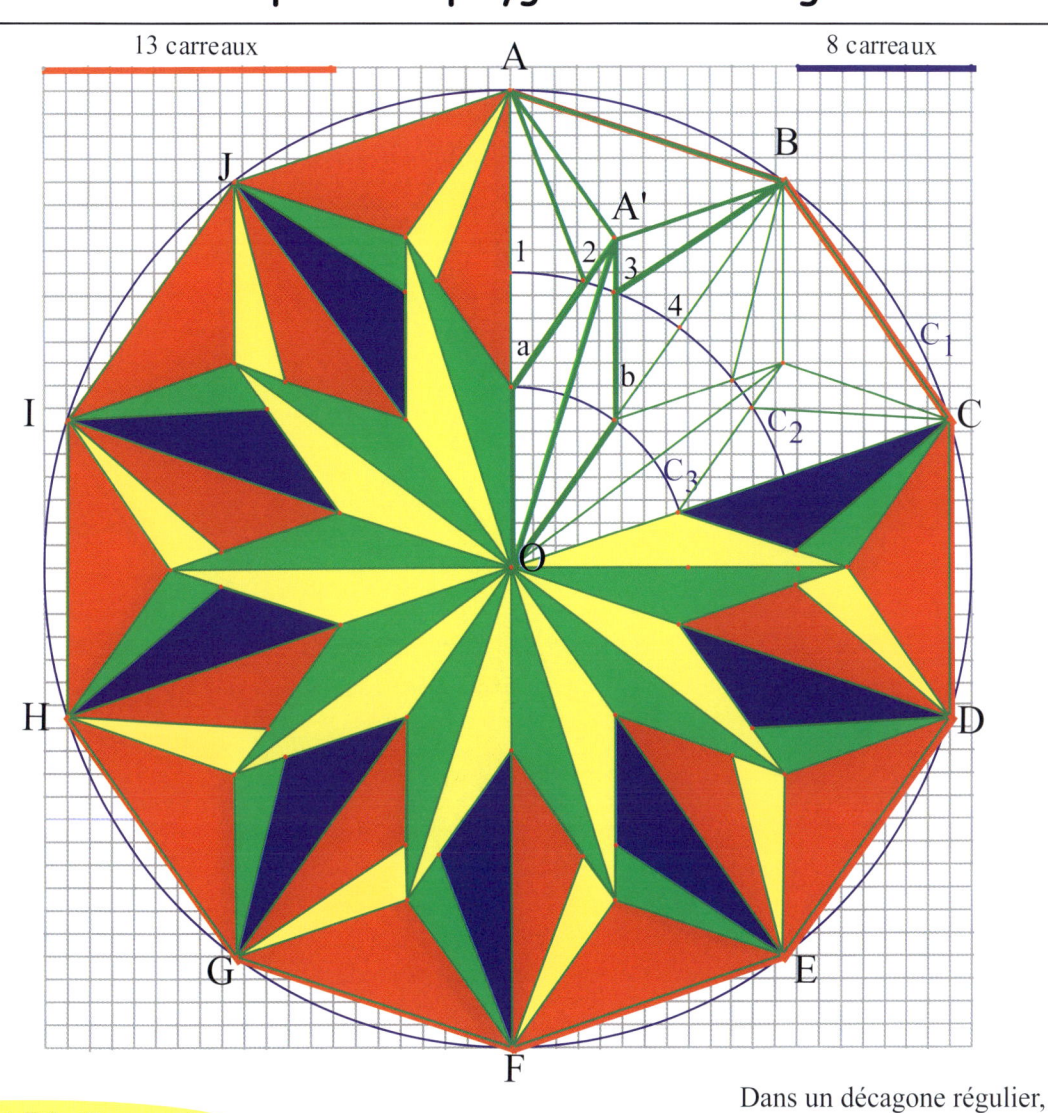

Voir le Tracé **51 Tome 1**

Dans un décagone régulier,
le rapport rayon du cercle circonscrit / côté = Φ.

Angle au centre : 36°, angle intérieur : 144°.

Soit un cercle C_1 de centre O de rayon OA = 21 carreaux et le décagone régulier ABCDEFGHIJ de côté AB = 13 carreaux inscrit dans ce cercle.

Soit deux cercles concentriques C_2 et C_3 de rayon 13 et 8 carreaux respectivement.

L'arc de centre A de rayon 8 carreaux coupe l'arc de centre B de même rayon au point A'.
Le triangle AA'B est un triangle divin.

Les deux secteurs circulaires AOB et BOC de ce décagone régulier permettent de comprendre la construction.

Tracer [OA'].
(OA) coupe C_2 en 1 et C_3 en a.
(OB) coupe C_2 en 4 et C_3 en b.
[A'a] coupe C_2 en 2 et [A'b] coupe C_2 en 3.

Tracer les triangles comme indiqué sur la matrice.

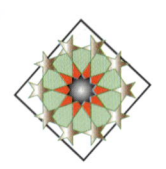

2-19 Décagone

Flèches

Construction valable pour tout polygone de côté égal à 13 carreaux

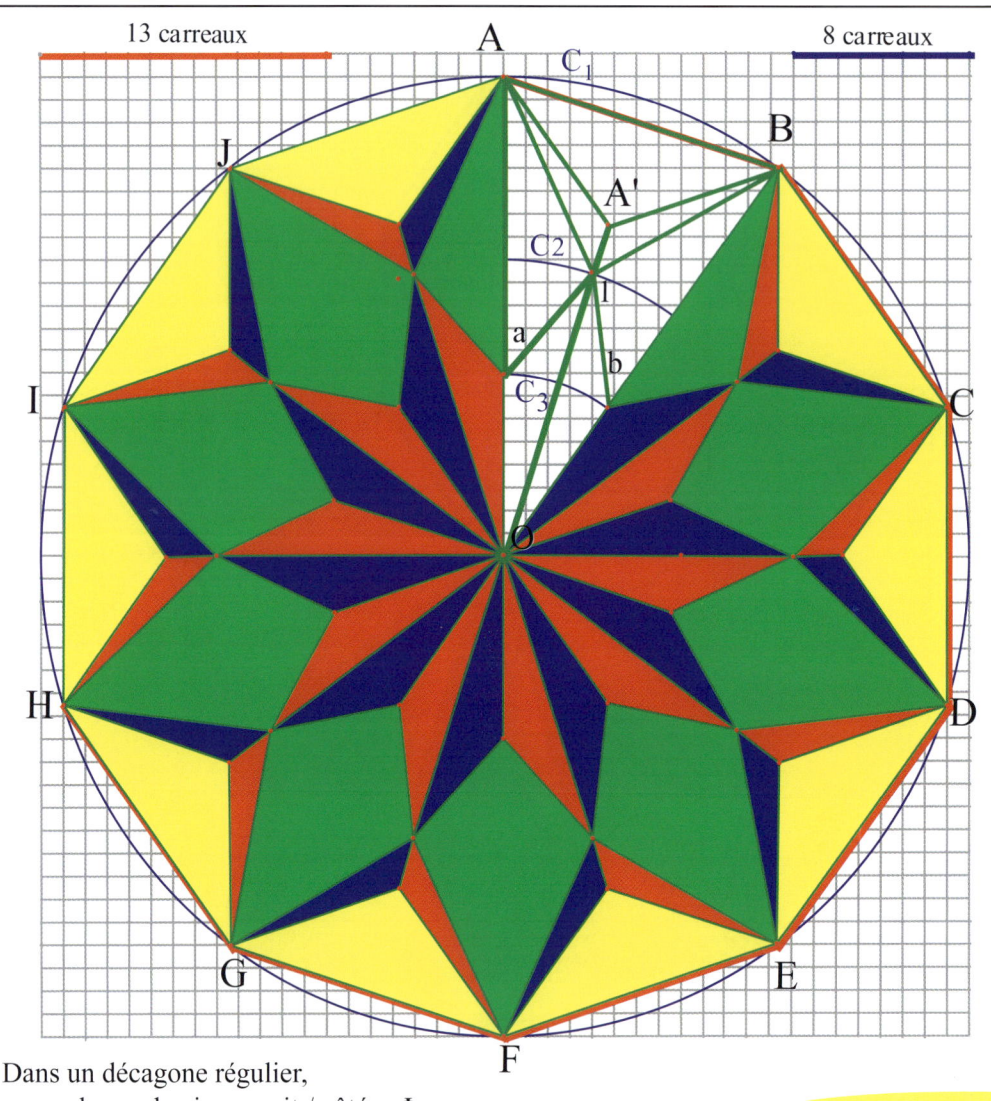

Dans un décagone régulier,
le rapport rayon du cercle circonscrit / côté = Φ.

Angle au centre : 36°, angle intérieur : 144°.

Voir le Tracé **51 Tome 1**

Soit un cercle de centre O de rayon OA = 21 carreaux et le décagone régulier ABCDEFGHIJ de côté AB = 13 carreaux inscrit dans ce cercle.

Soit deux cercles concentriques C_2 et C_3 de rayon 13 et 8 carreaux respectivement.

L'arc de centre A de rayon 8 carreaux coupe l'arc de centre B de même rayon au point A'.
Le triangle AA'B est un triangle divin.

Le secteur circulaire AOB de ce décagone régulier permet de comprendre la construction.

[OA'] coupe C_2 en 1.
OA coupe C_3 en a et OB coupe C_3 en b.

Tracer les triangles comme indiqué sur la matrice.

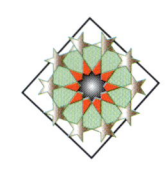

2-20 Décagone

Flèches

Construction valable pour tout polygone de côté égal à 13 carreaux

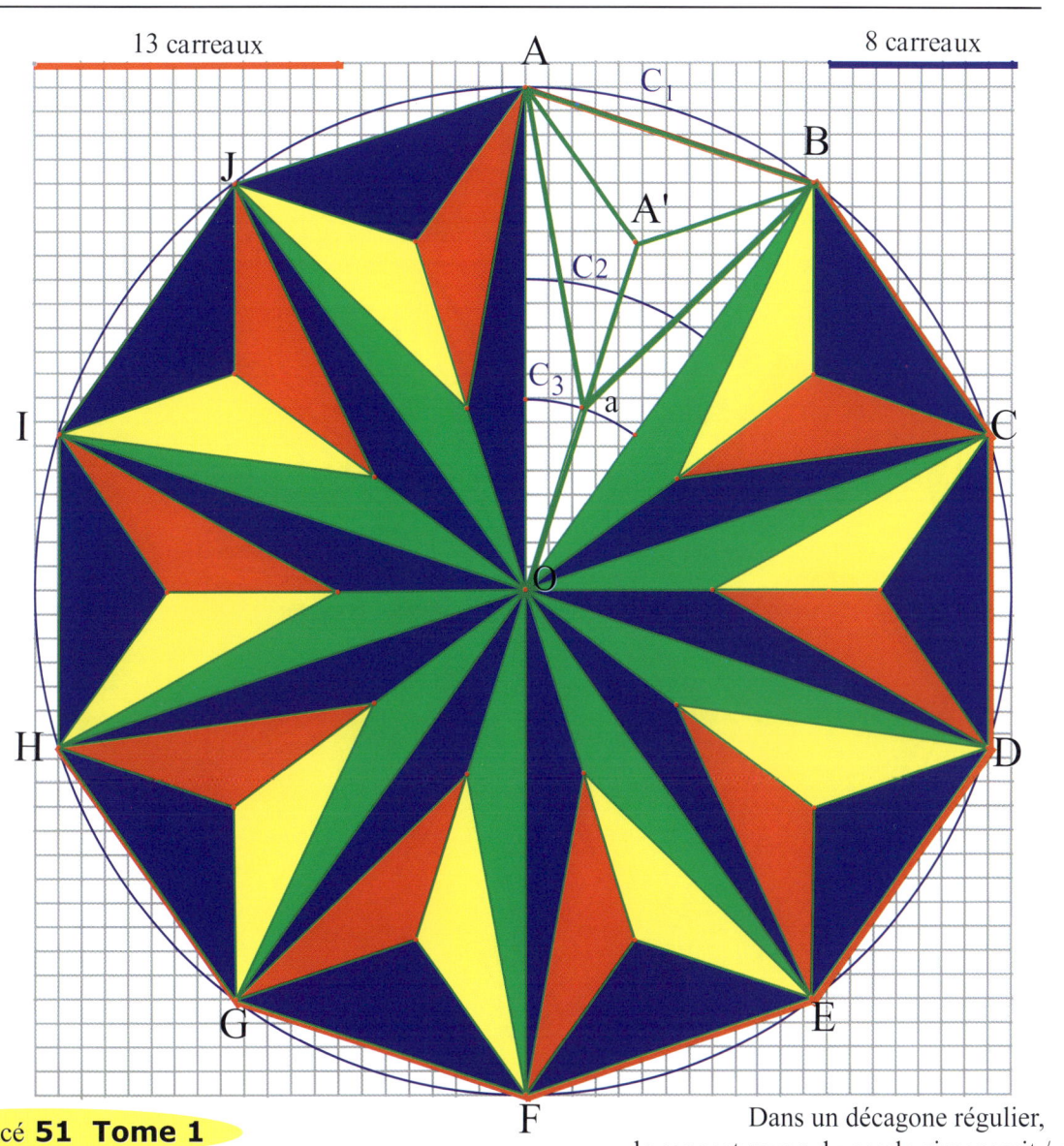

Voir le Tracé **51 Tome 1**

Dans un décagone régulier,
le rapport rayon du cercle circonscrit / côté = Φ.

Angle au centre : 36°, angle intérieur : 144°.

Soit un cercle C_1 de centre O de rayon OA = 21 carreaux et le décagone régulier ABCDEFGHIJ de côté AB = 13 carreaux inscrit dans ce cercle.

Soit deux cercles concentriques C_2 et C_3 de rayon 13 et 8 carreaux respectivement.

L'arc de centre A de rayon 8 carreaux coupe l'arc de centre B de même rayon au point A'.
Le triangle AA'B est un triangle divin.

Le secteur circulaire AOB de ce décagone régulier permet de comprendre la construction.

[OA'] coupe C_3 en a.

Tracer les triangles comme indiqué sur la matrice.

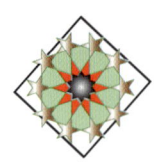

2-21 Décagone

Flèches

Construction valable pour tout polygone de côté égal à 13 carreaux

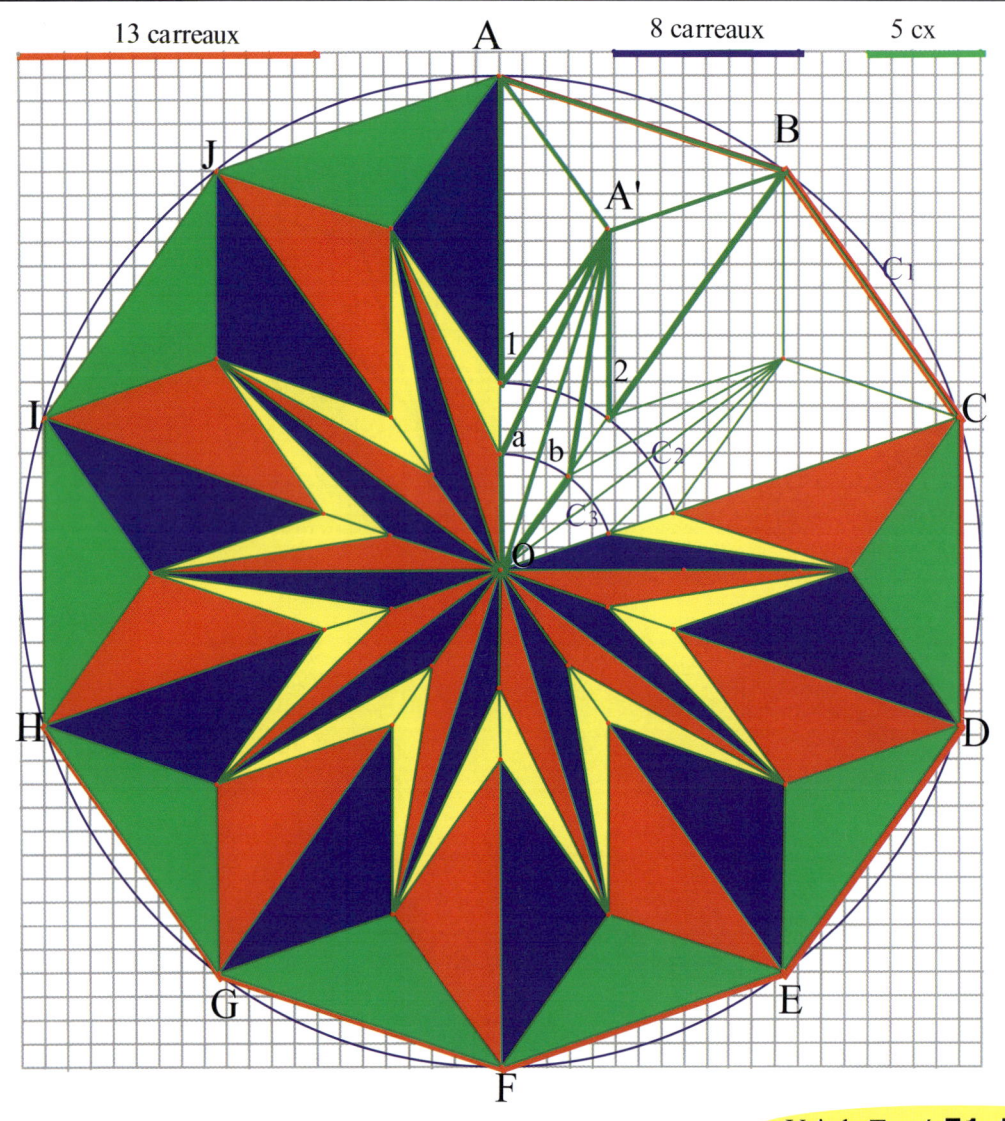

Soit un cercle de centre O de rayon OA = 21 carreaux et le décagone régulier ABCDEFGHIJ de côté AB = 13 carreaux inscrit dans ce cercle.

Soit deux cercles concentriques C_2 et C_3 de rayon 8 et 5 carreaux respectivement.

L'arc de centre A de rayon 8 carreaux coupe l'arc de centre B de même rayon au point A'.
Le triangle AA'B est un triangle divin.

Les deux secteurs circulaires AOB et BOC de ce décagone régulier permettent de comprendre la construction.

(OA) coupe C_2 en 1 et C_3 en a et (OB) coupe C_2 en 2 et C_3 en b.

Tracer les triangles comme indiqué sur la matrice.

Nota : Le triangle contenu dans un secteur circulaire d'un décagone régulier est un triangle sublime. Le triangle AOB, par exemple, est un triangle sublime.

Voir le Tracé **51 Tome 1**

2-22 Décagone

Ronde de triangles

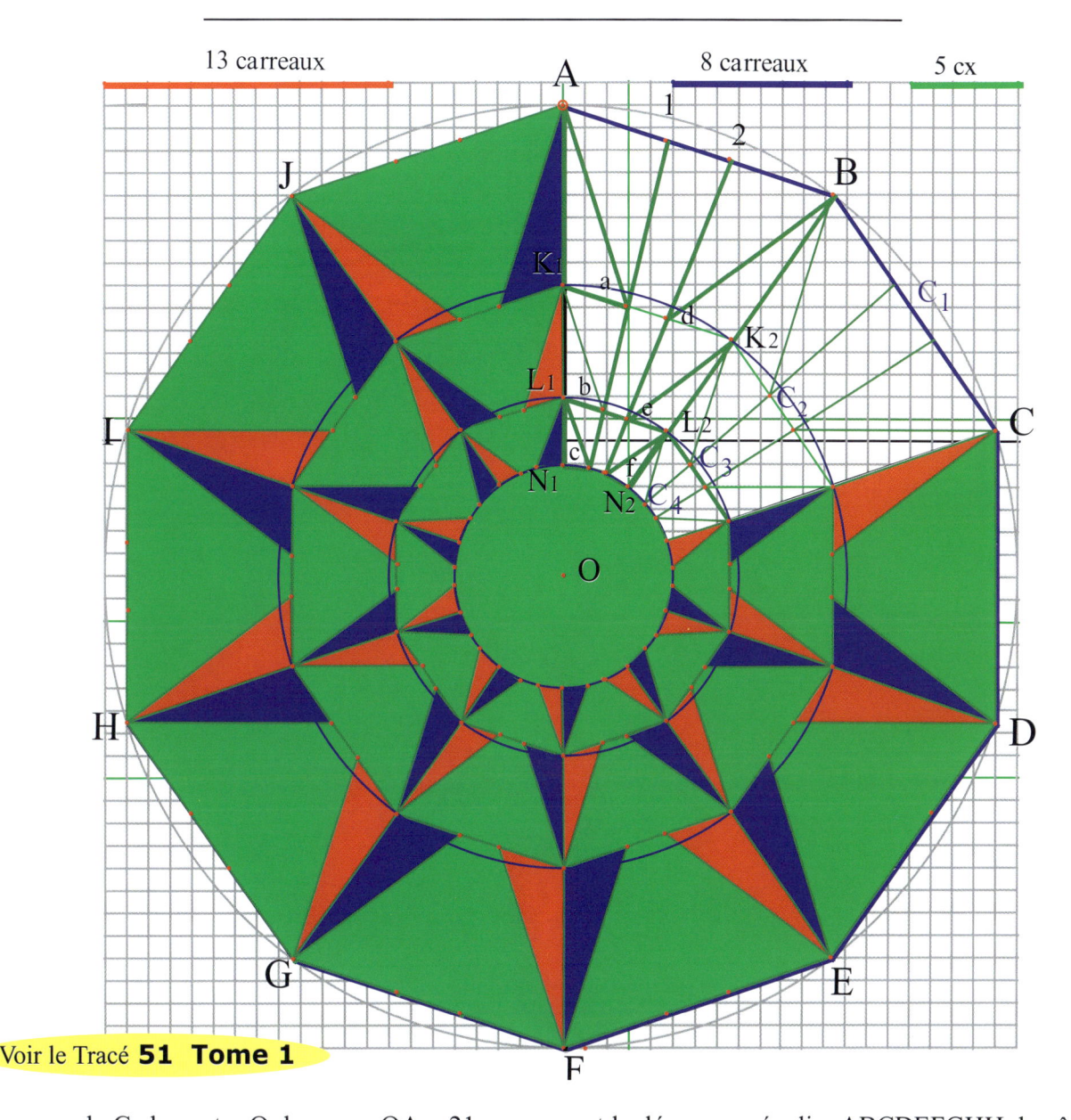

Soit un cercle C_1 de centre O de rayon OA = 21 carreaux et le décagone régulier ABCDEFGHIJ de côté AB = 13 carreaux inscrit dans ce cercle.
Soit trois cercles concentriques C_2, C_3 et C_4 de rayon 13, 8 et 5 carreaux respectivement.
Soit les points 1 à 20 qui partagent les côtés en moyenne et extrême raison (seuls les points 1 et 2 sont montrés sur la matrice).

Les deux secteurs circulaires AOB et BOC de ce décagone régulier permettent de comprendre la construction.

- Les rayons OA, OB, …, OJ coupent les cercles C_2, C_3 et C_4 en des points tels K_1, L_1 et N_1, sommets des décagones réguliers inscrits dans les cercles C_2, C_3 et C_4 respectivement.
- O-1 coupe K_1-K_2 en a, L_1-L_2 en b et N_1-N_2 en c.
- O-2 coupe K_1-K_2 en d, L_1-L_2 en e et N_1-N_2 en f.

Tracer les triangles comme indiqué sur la matrice.

Nota: K_1, L_1 et N_1 partagent OA, OK_1 et OL_1 respectivement en moyenne et extrême raison.

2-23 Décagone

Triangles divins et pentagone

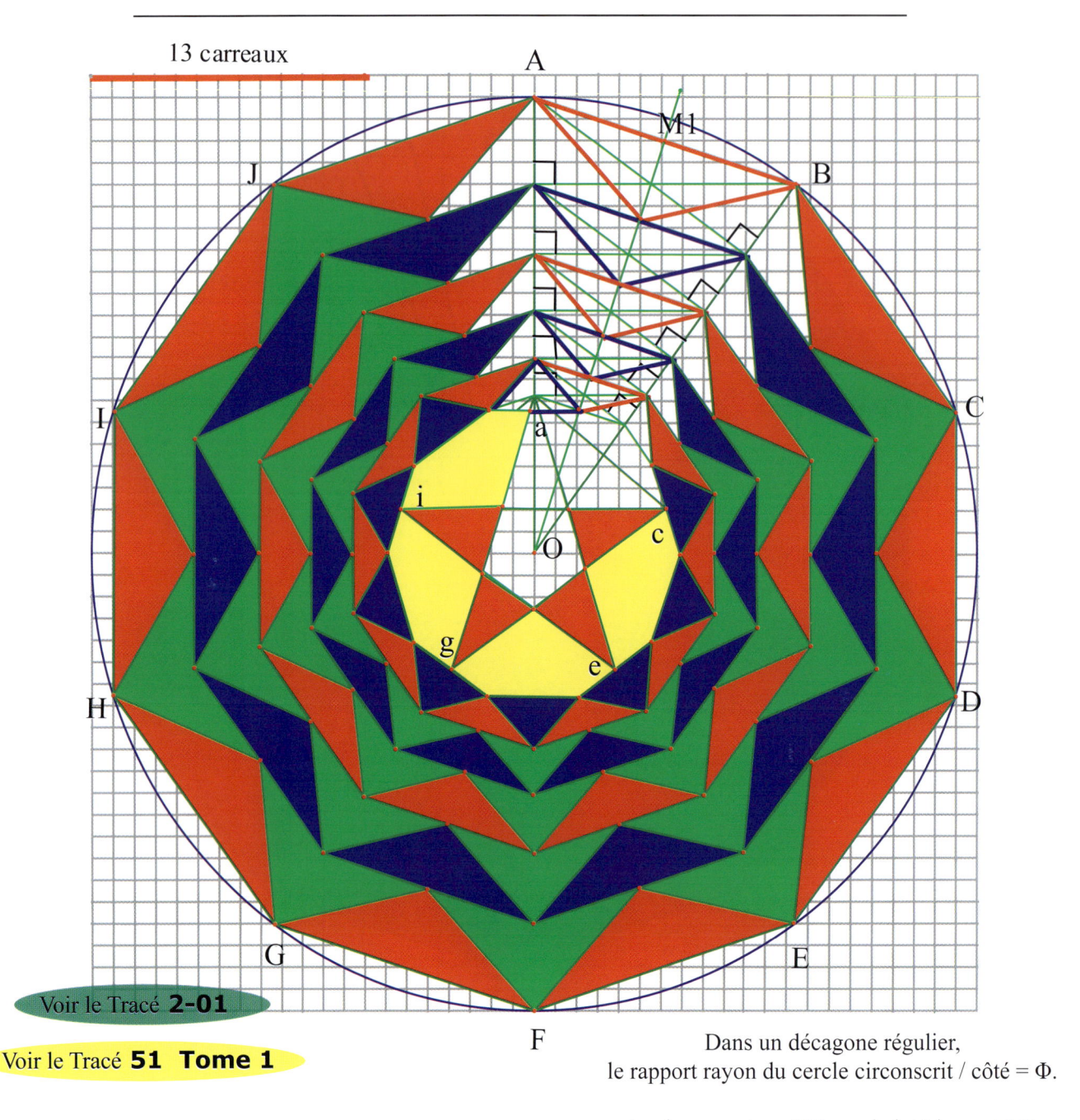

13 carreaux

Voir le Tracé **2-01**

Voir le Tracé **51 Tome 1**

Dans un décagone régulier,
le rapport rayon du cercle circonscrit / côté = Φ.

Angle au centre : 36°, angle intérieur : 144°.

Soit un cercle C_1 de centre O de rayon OA = 21 carreaux et le décagone régulier ABCDEFGHIJ de côté AB = 13 carreaux inscrit dans ce cercle.

Construction des triangles divins.
Dans chaque secteur circulaire de ce décagone régulier, tracer un triangle sublime tel le triangle AOB. Dans chaque triangle sublime, tracer cinq triangles orthiques successifs. Ces triangles sont des triangles divins.

Construction du pentagone étoilé central.
Les sommets des dix derniers triangles orthiques forment un décagone régulier.
Les milieux des côtés de ce décagone régulier, pris de deux en deux, forment le pentagone régulier a – c – e – g – i.
Dans ce pentagone régulier, on trace un pentagone étoilé.

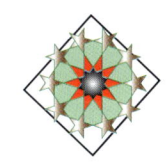

2-24 Décagone

Ronde de Pentagones étoilés

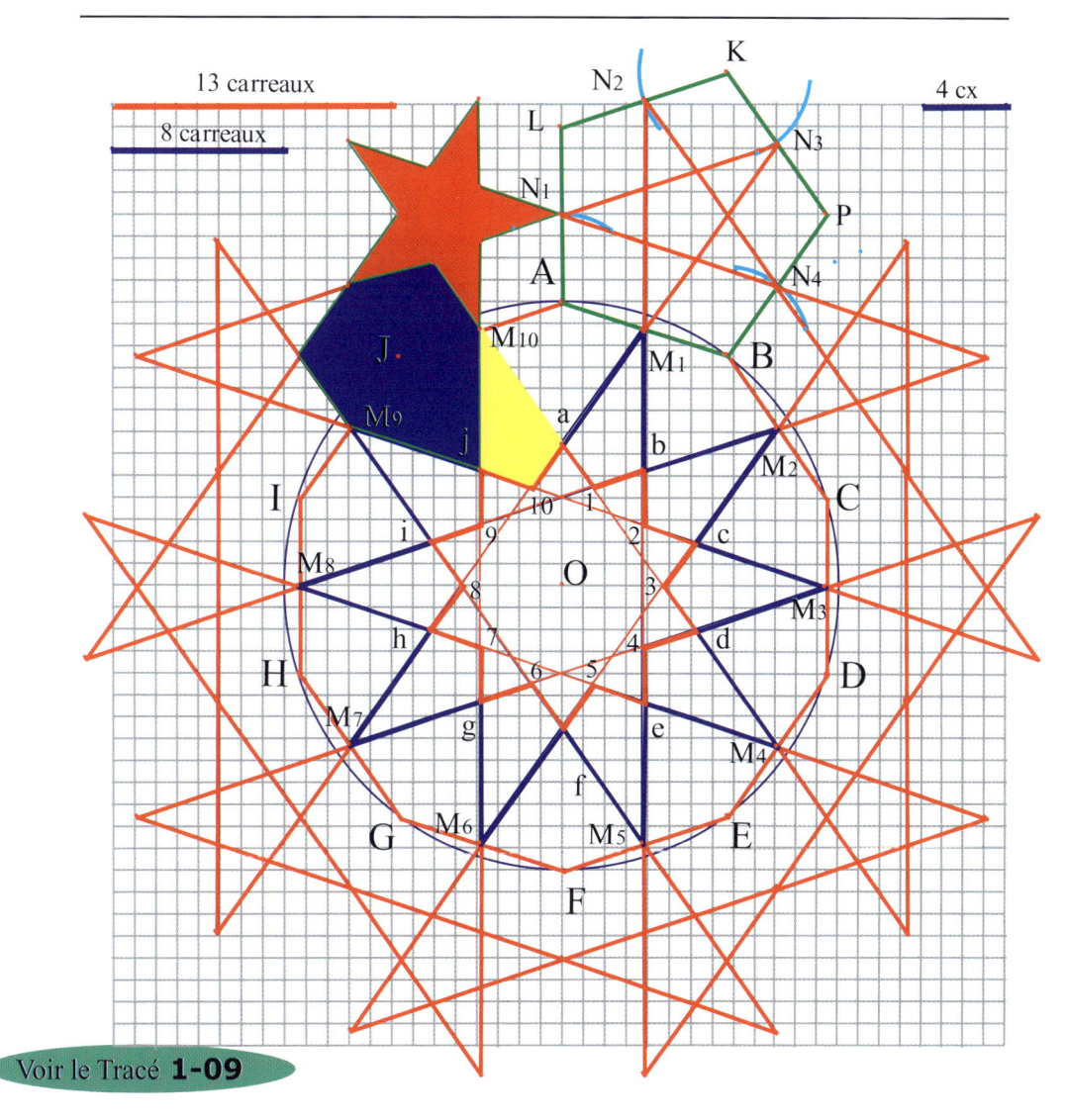

Voir le Tracé 1-09

Soit un cercle de centre O de rayon OA = 13 carreaux.
À partir du point A, porter dix fois une corde de 8 carreaux. On obtient le décagone régulier ABCDEFGHIJ inscrit dans ce cercle. Rayon OA / côté AB = 13/8 ≈ Φ.

Tracé d'un pentagone régulier sur un côté du décagone
L'arc de centre A de rayon 13 carreaux coupe l'arc de centre B de même rayon en K.
L'arc de centre A de rayon 8 carreaux coupe l'arc de centre B de rayon 13 carreaux en L.
L'arc de centre B de rayon 8 carreaux coupe l'arc de centre A de rayon 13 carreaux en P
On obtient le pentagone régulier ALKPB : diagonale /côté = 13/8 ≈ Φ.

Soit M_1, N_1, N_2, N_3 et N_4 les milieux des côtés de ce pentagone régulier.
Tracer le pentagone étoilé qui joint ces points.

Tracé des polygones
Les arcs de centre A à J de rayon 4 carreaux coupe les côtés du décagone régulier en leur milieu aux points M_1 à M_{10}.
Tracer le décagone étoilé inscrit dans le décagone régulier M_1 à M_{10} en joignant les points six à six ($M_1 – M_7 - M_3 - \ldots - M_1$). On obtient les point aà j et 1 à 10.

Tracer les polygones comme indiqué sur la matrice.

2-25 Décagone

Tracé de colombes

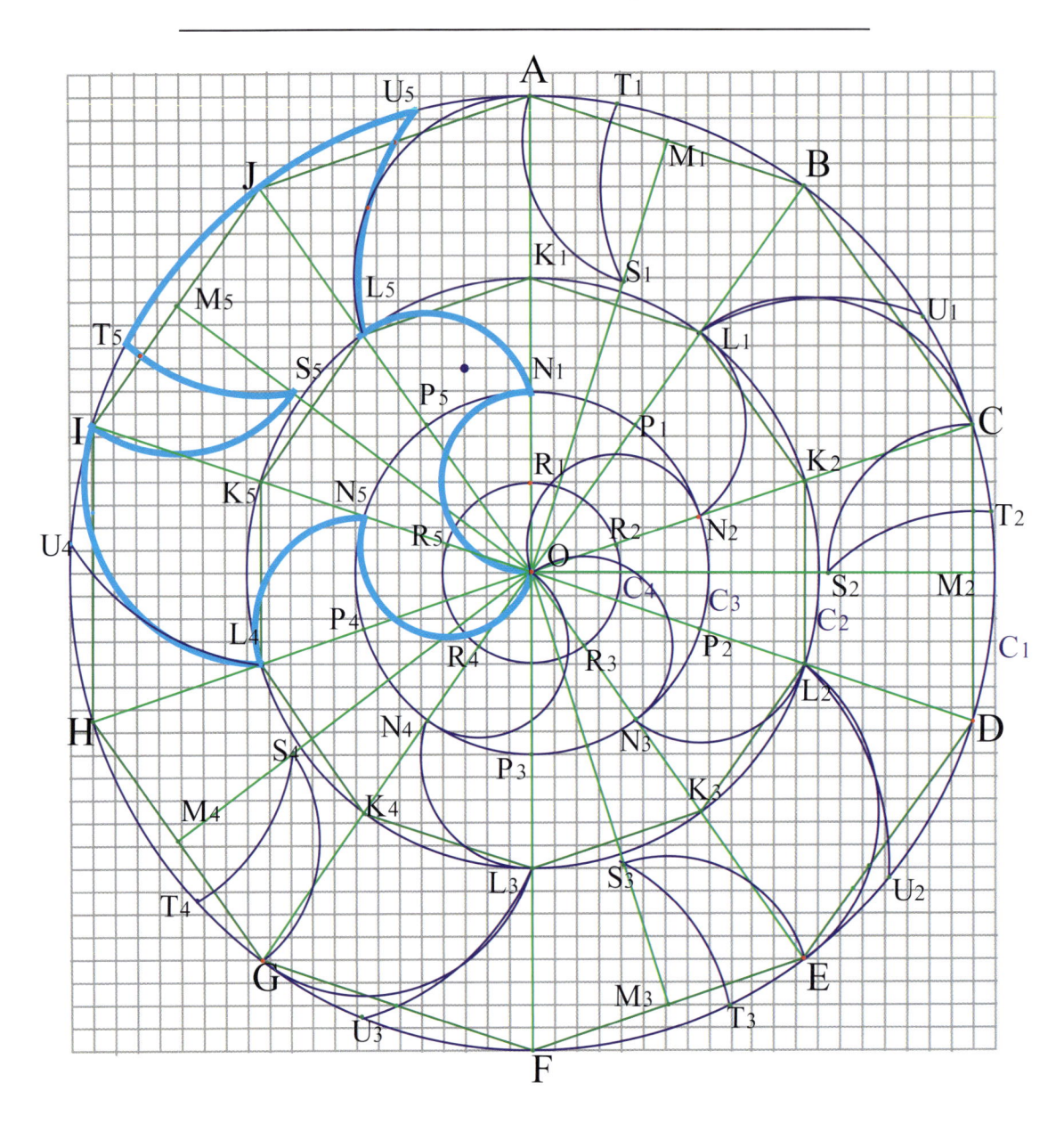

Soit un cercle C_1 de centre O de rayon OA = 21 carreaux et le décagone régulier ABCDEFGHIJ de côté AB = 13 carreaux inscrit dans ce cercle.
Soit trois cercles concentriques C_2, C_3 et C_4 de rayon 13, 8 et 4 carreaux respectivement.
Soit les points M_1 à M_5 les milieux des côtés [AB], [CD], [EF], [GH] et [IJ] respectivement.

Tracé préliminaire
OA coupe C_2 en K_1, C_3 en N_1, et C_4 en R_1. OB coupe C_2 en L_1, et C_3 en P_1.

Tracé des colombes
1. Les arcs de centre R de rayon 4 carreaux joignent O aux points N.
2. Les arcs de centre P de rayon 5 carreaux joignent les points N aux points L.
3. Les arcs de centre K de rayon 8 carreaux joignent les points L aux sommets du décagone régulier.
4. Les arcs de centre M de rayon M_1A qui mesure AB/2 = 6,5 carreaux, coupent (OM) aux point S.
5. Les arcs de centre B, D, F, H, et J de rayon BS coupent C_1 aux points T.
6. Les arcs de centre S de rayon SL (S_1L_5, par exemple) coupent C_1 aux points U_n.
7. Les arcs de centre O de rayon OA joignent les points T_n aux points U_n.

2-26 Décagone

Rose à cinq festons
Oculus de baie de cathédrale

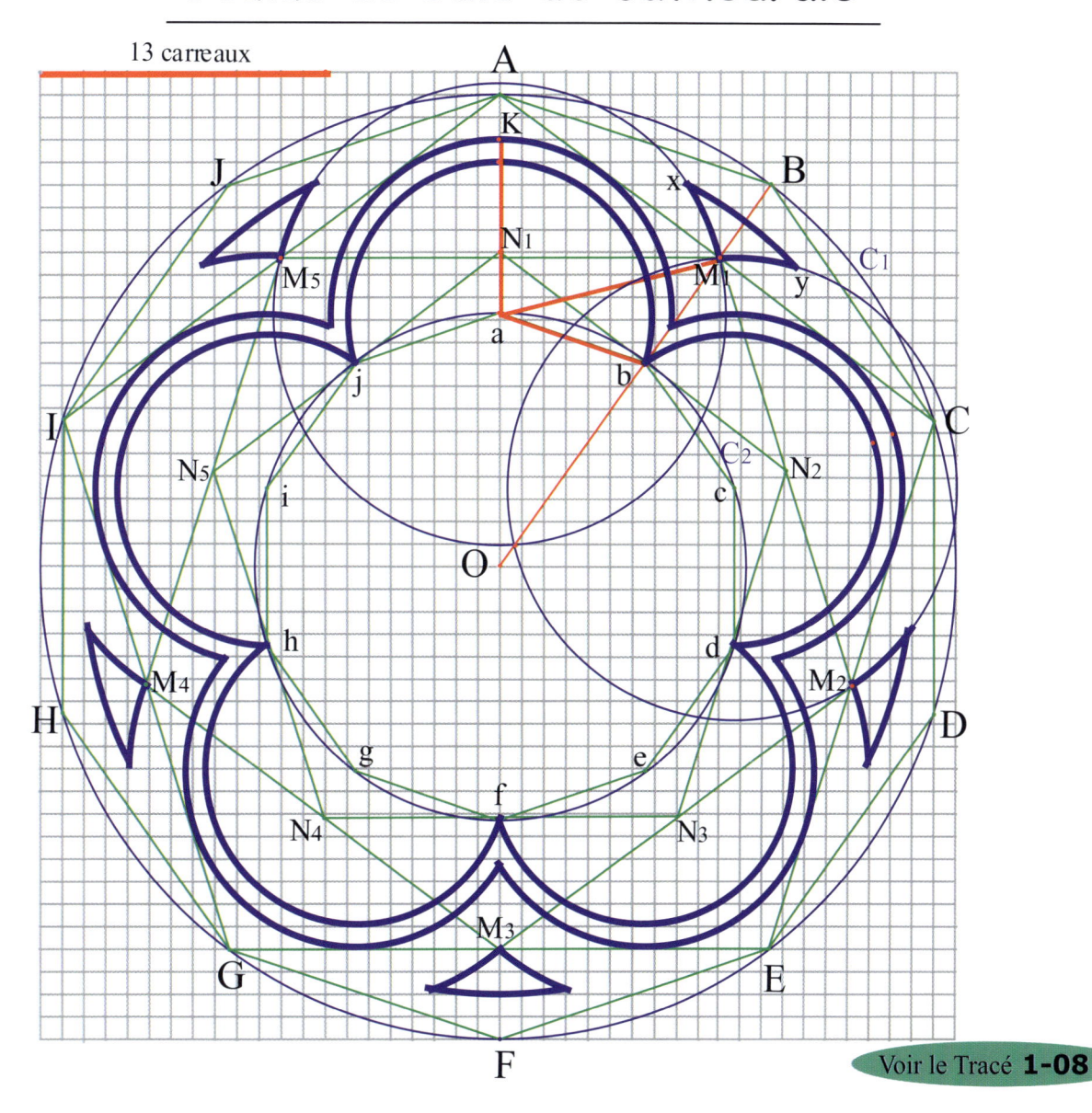

13 carreaux

Voir le Tracé **1-08**

Soit un cercle C_1 de centre O de rayon OA = 21 carreaux et le décagone régulier ABCDEFGHIJ de côté AB = 13 carreaux inscrit dans ce cercle.

Tracer les trois pentagones réguliers : ACEGI, le M-pentagone et le N-pentagone.

OB coupe $N_1 - N_2$ au point b. Tracer le cercle C_2 de centre O de rayon O b.
Les rayons du cercle C_1 coupent C_2 aux points a à j.

Les arcs de centre a, c, e, g et i de rayon [a b] se coupent aux points b, d, f, h et j.

Sur OA, placer un point K tel que AK = 2 carreaux.
Les arcs de centre a, c, e, g et i de rayon [a K] se coupent sur OB, OD, OF, OH et OJ.

Les arcs de centre O de rayon OK coupent les arcs de centre a, c, e, g et i de rayon [a A] en x et y.
Ils forment un triangle curviligne de type $M_1 - x - y$.

Ce tracé simple est suffisamment précis pour être satisfaisant.

61

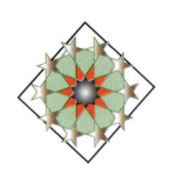

2-27 Hendécagone

Ronde de triangles

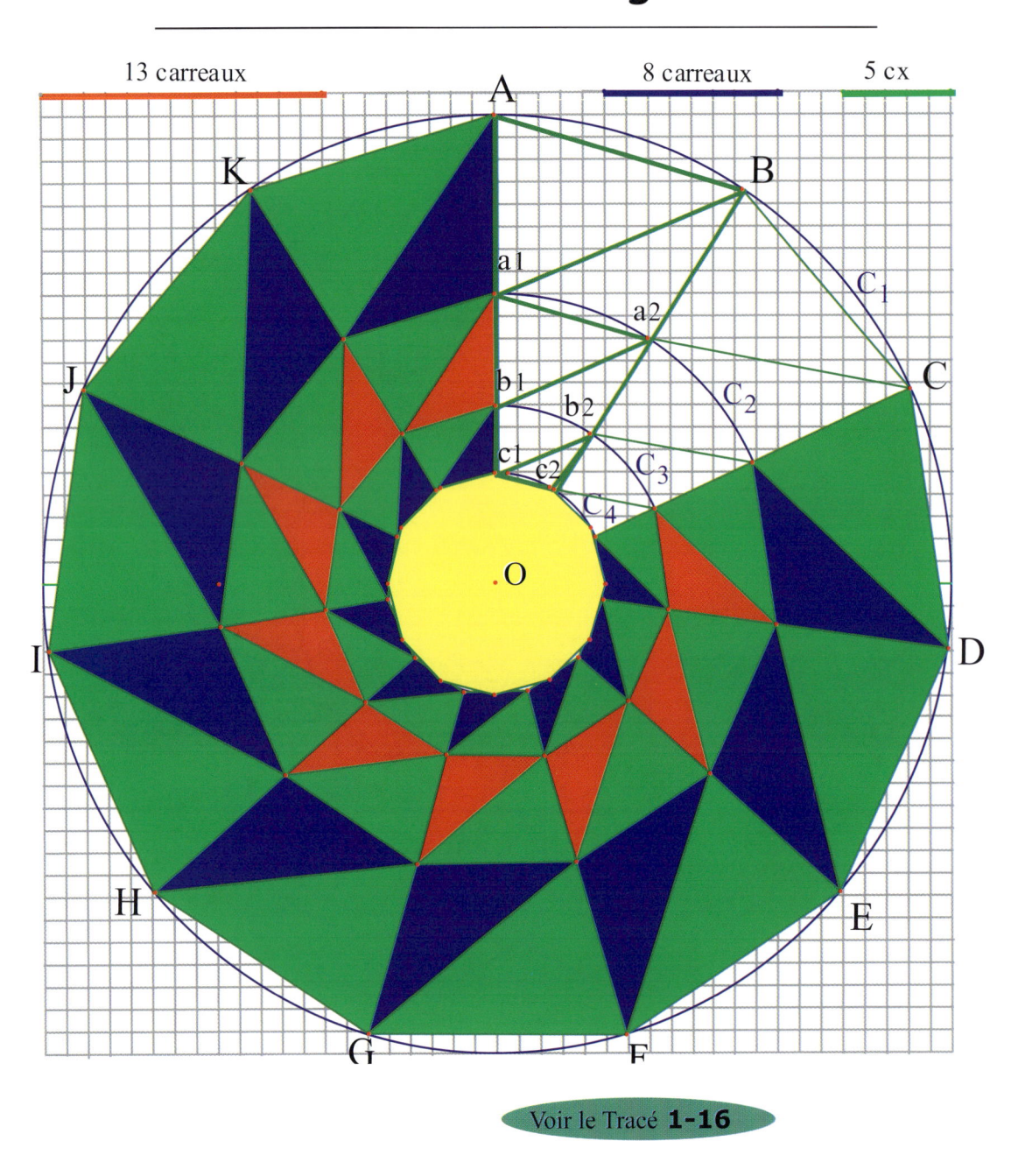

13 carreaux   8 carreaux   5 cx

Voir le Tracé **1-16**

Soit un cercle C_1 de centre O de rayon OA = 21 carreaux et l'hendécagone ABCDEFGHIJK inscrit dans ce cercle. Soit trois cercles concentriques C_2, C_3 et C_4 de rayon 13, 8 et 5 carreaux respectivement.

Les deux secteurs circulaires AOB et BOC de l'hendécagone permettent de comprendre la construction.

OA coupe C_2 en a_1, C_3 en b_1, et C_4 en c_1.
OB coupe C_2 en a_2, C_3 en b_2, et C_4 en c_2.

Tracer les triangles comme indiqué sur la matrice.

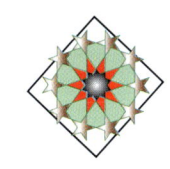

2-28 Dodécagone

Flèches

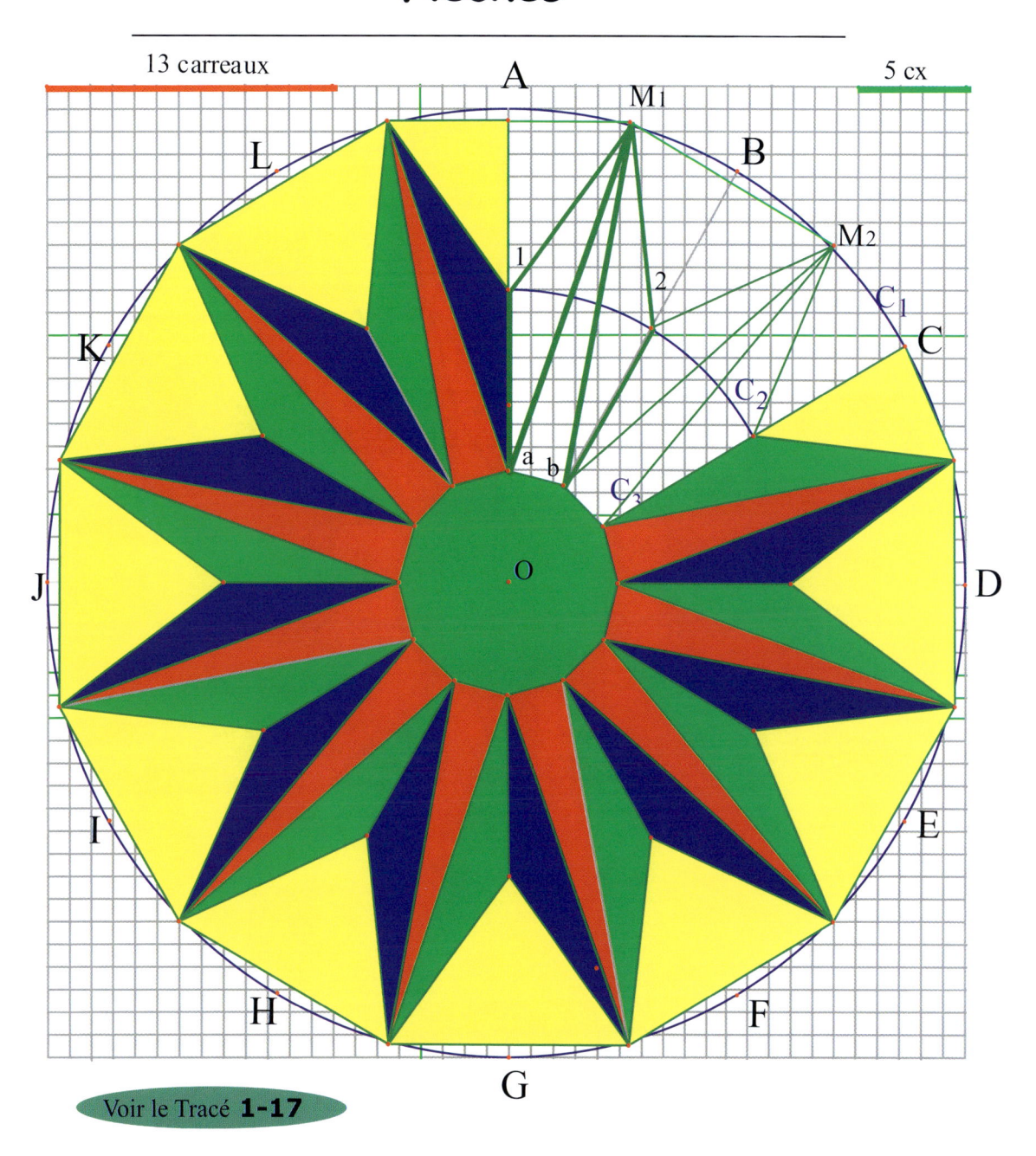

13 carreaux   5 cx

Voir le Tracé **1-17**

Soit un cercle C_1 de centre O de rayon OA = 21 carreaux et le dodécagone régulier ABCDEFGHIJKL inscrit dans ce cercle.
Soit deux cercles concentriques C_2, et C_3 de rayon 13 et 5 carreaux respectivement.

Les deux secteurs circulaires AOB et BOC du dodécagone permettent de comprendre la construction.

La bissectrice de $\widehat{AOB}$ coupe C_1 en M_1.
OA coupe C_2 en 1 et C_3 en a. OB coupe C_2 en 2 et C_3 en b.

Tracer les triangles comme indiqué sur la matrice.

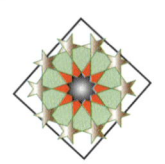

2-29 Tridécagone

Ronde de triangles

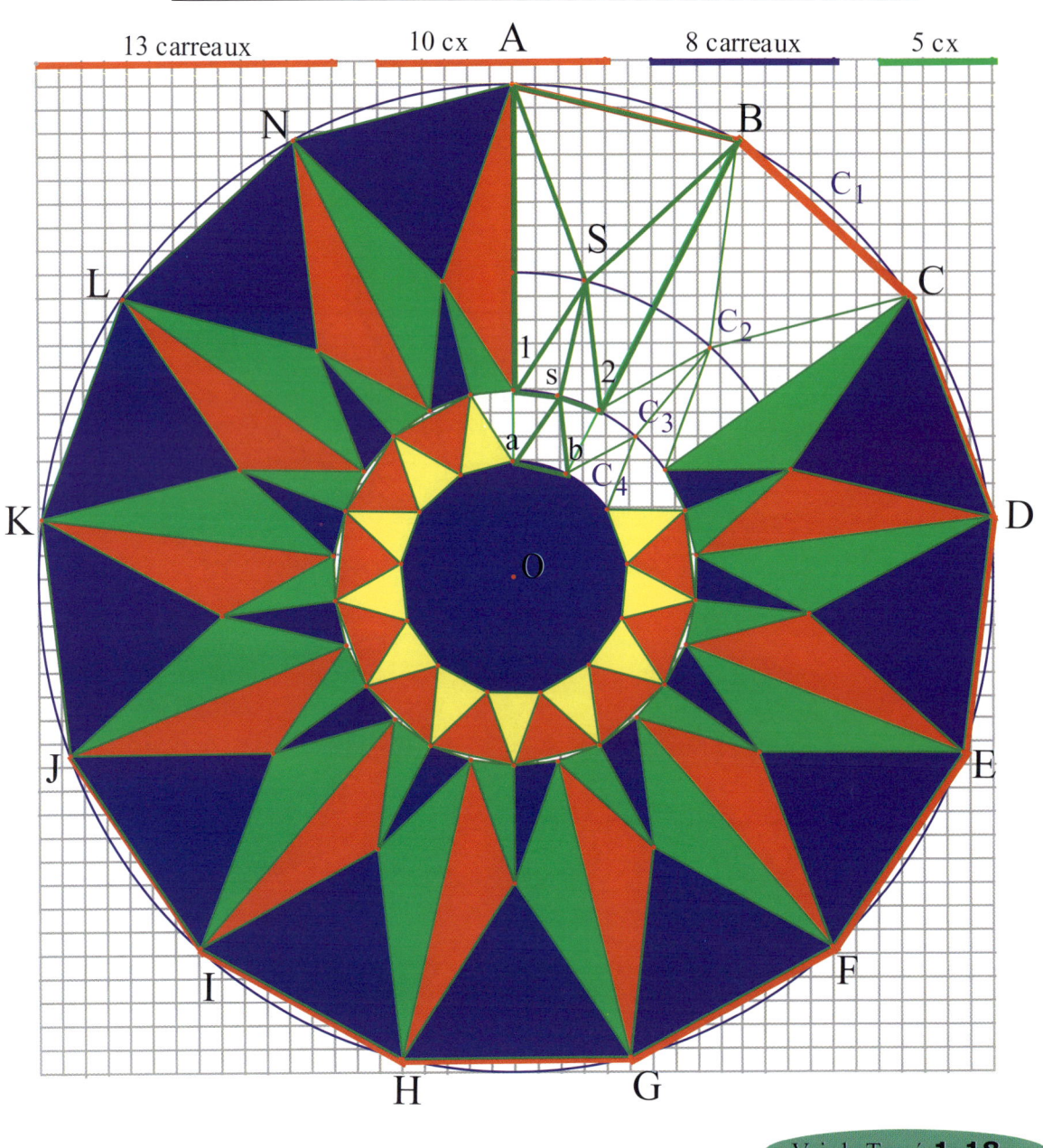

13 carreaux 10 cx 8 carreaux 5 cx

Voir le Tracé **1-18**

Soit un cercle C_1 de centre O de rayon OA = 21 carreaux et le tridécagone ABCDEFGHIJKLN de côté 10 carreaux inscrit dans ce cercle.
Soit trois cercles concentriques C_2, C_3 et C_4 de rayon 13, 8 et 5 carreaux respectivement.

Les deux secteurs circulaires AOB et BOC du tridécagone permettent de comprendre la construction.

OA coupe C_3 en 1 et C_4 en a.   OB coupe C_3 en 2 et C_4 en b.
La bissectrice de $\widehat{AOB}$ coupe C_2 en S et C_3 en s.

Tracer les triangles comme indiqué sur la matrice.

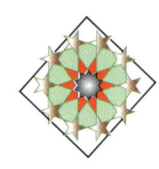

2-30 Tétradécagone

Triangles divins, Losanges et Heptagone étoilé

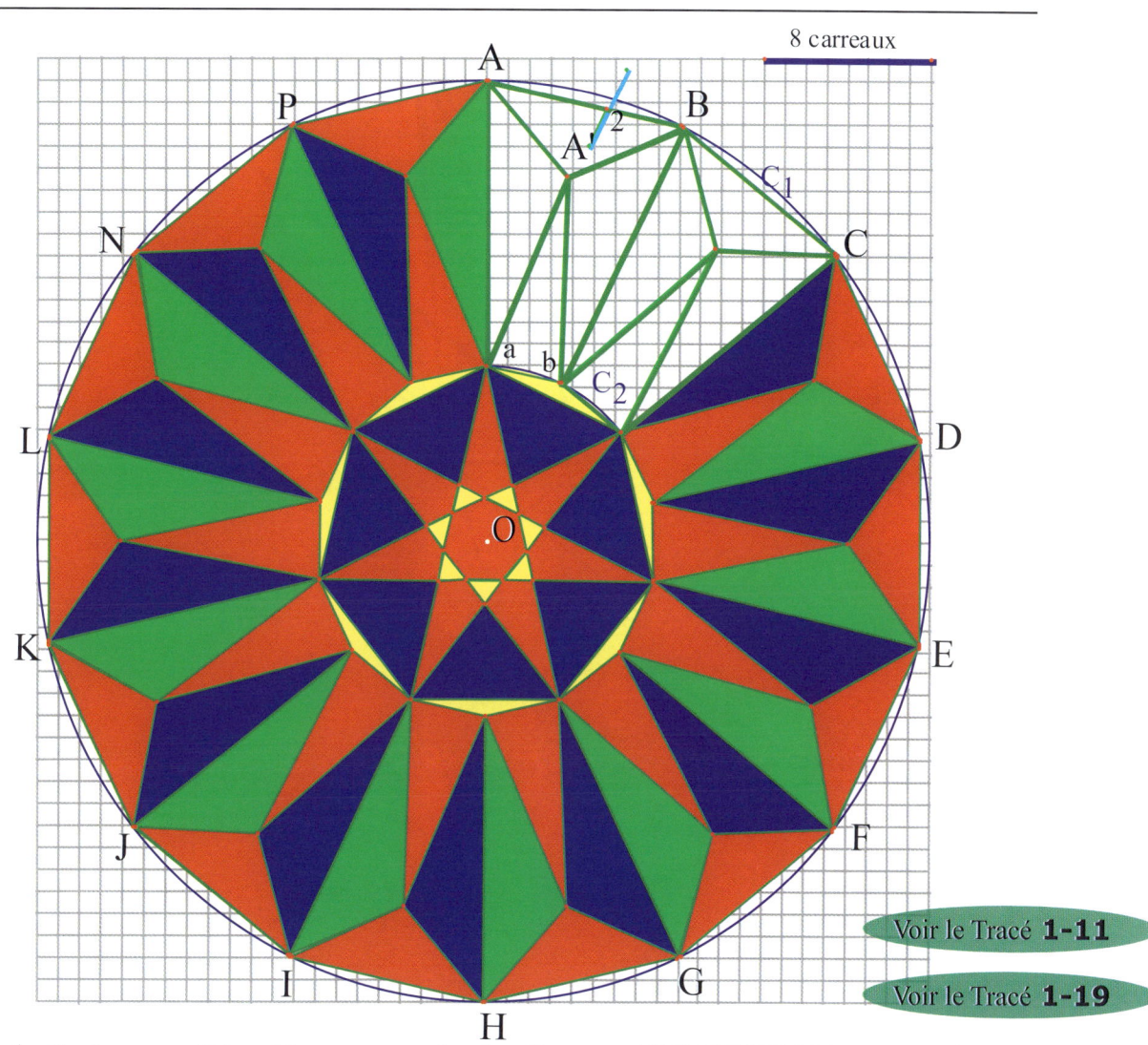

Soit un cercle C_1 de rayon OA = 21 carreaux et le tétradécagone ABCDEFGHIJKLNP construit à partir d'un triangle équilatéral, de l'heptagone qui en découle et des bissectrices des angles au centre de cet heptagone.

Soit un cercle concentrique C_2 de rayon 8 carreaux.
Soit le point 2, obtenu par la méthode 13/8, qui partage le côté [AB] du tétradécagone en moyenne et extrême raison.

Les secteurs circulaires AOB et BOC permettent de comprendre la construction.

Tracé des triangles
L'arc de centre A de rayon [A2] coupe l'arc de centre B de même rayon en A'.
AA'B est un triangle divin.

(OA) coupe C_2 en a et (OB) coupe C_2 en b.

Tracer les triangles comme indiqué sur la matrice.

Tracé de l'heptagone central
À l'intérieur du tétradécagone central a – b - ... , joindre les sommets de six en six.
On obtient un heptagone étoilé.

Voir le Tracé **1-11**
Voir le Tracé **1-19**

2-31 Pentédécagone

Etoile à 15 branches

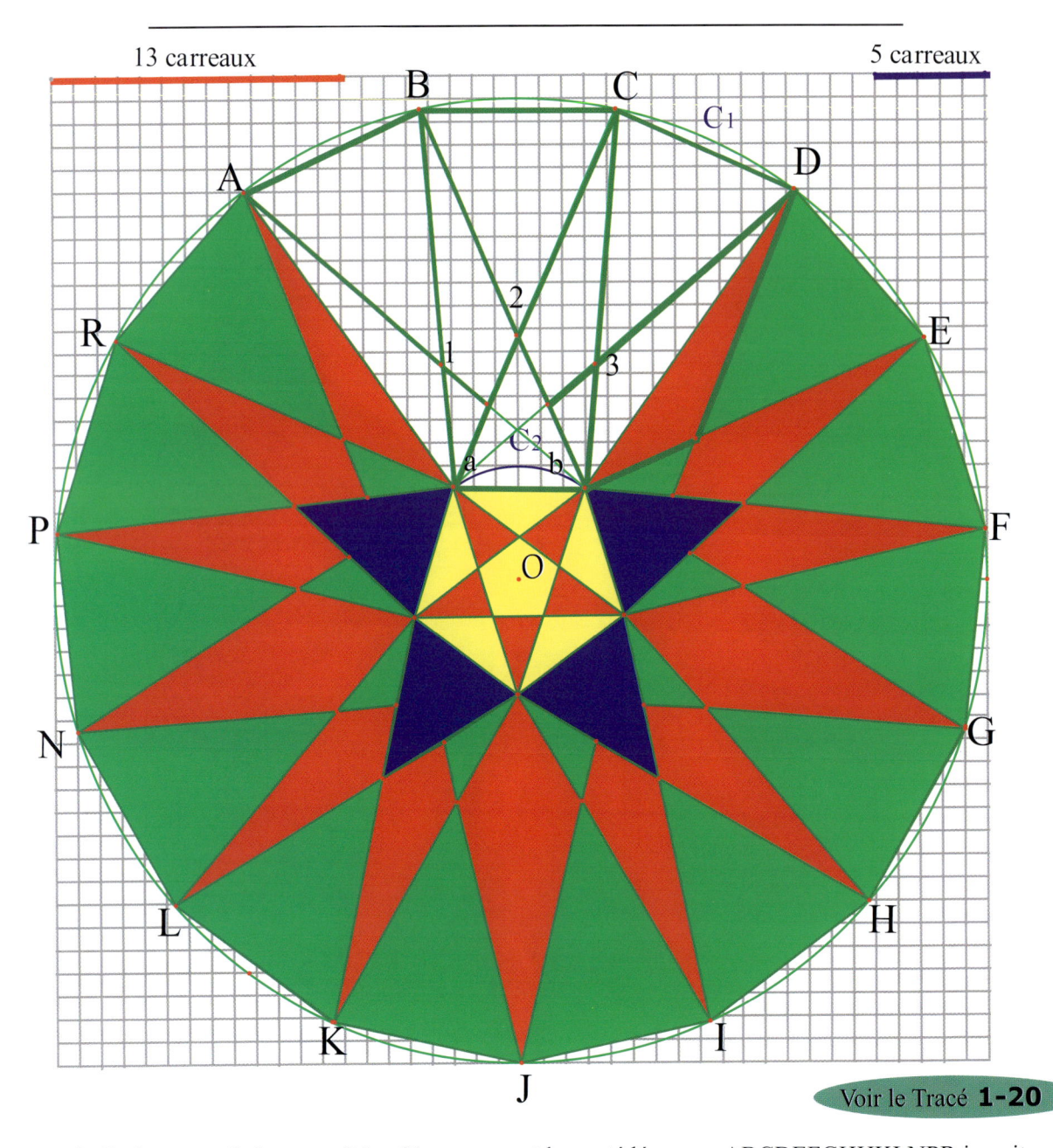

13 carreaux 5 carreaux

Voir le Tracé **1-20**

Soit un cercle C_1 de centre O de rayon OA = 21 carreaux et le pentédécagone ABCDEFGHIJKLNPR inscrit dans ce cercle.
Soit le cercle C_2 de rayon 5 carreaux.

Tracé du pentagone étoilé central
(OA) coupe C_2 en a, (OD) coupe C_2 en b, etc. On obtient un pentagone régulier dans lequel on trace un pentagone étoilé.

Tracé des triangles et des losanges
Les secteurs circulaires AOB, BOC et COD permettent de comprendre la construction.

(Ab) coupe (Ba) en 1, (Bb) coupe (Ca) en 2 et (Cb) coupe (Da) en 3.

Tracer les triangles et les polygones comme indiqué sur la matrice.

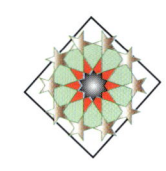

2-32 Pentédécagone

Ronde de Pentagones étoilés

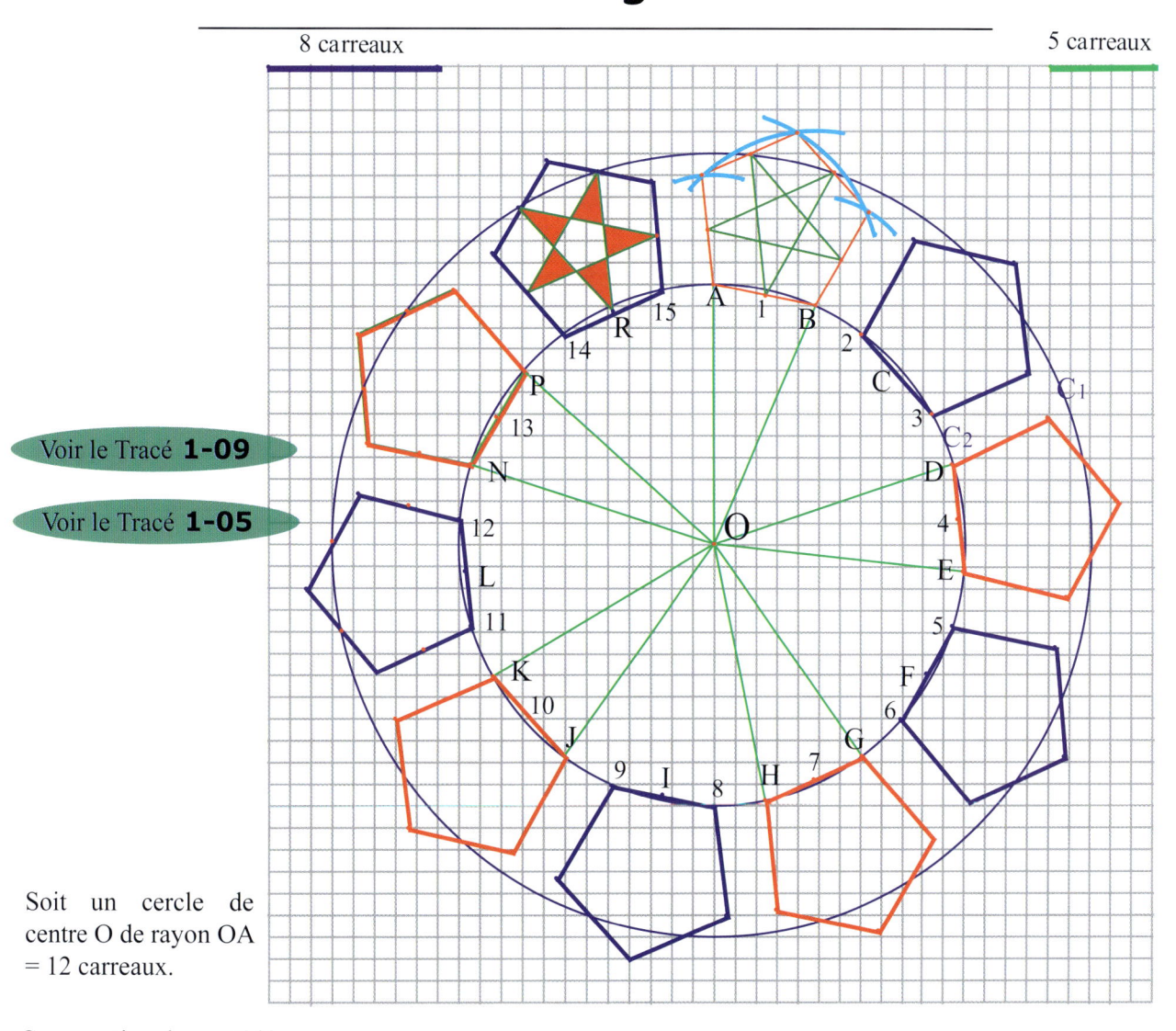

8 carreaux   5 carreaux

Voir le Tracé **1-09**

Voir le Tracé **1-05**

Soit un cercle de centre O de rayon OA = 12 carreaux.

Construction du pentédécagone
Avec un rayon de 5 carreaux (côté du pentédécagone à construire)
L'arc de centre A coupe le cercle en B, l'arc de centre B coupe le cercle en C, et l'arc de centre C coupe le cercle en D. [AB], [BC] et [CD] sont trois côtés du pentédécagone.

Avec un rayon AD, (côté d'un des trois pentagones inscrits dans ce cercle), l'arc de centre A coupe le cercle en D-G-J-N, l'arc de centre B coupe le cercle en E-H-K-P et l'arc de centre C coupe le cercle en F-I-L-R
On obtient le pentédécagone ABCDEFGHIJKLNPR.

Obtention des points 1 à 15
Le prolongement des rayons issus des sommets du pentédécagone coupe le côté opposé en son milieu.
Par exemple, [AO) coupe [HI] au point 8, [BO) coupe [IJ] au point 9, etc.

Construction des pentagones étoilés extérieurs au pentédécagone
Construire 10 pentagones réguliers de côtés 5 carreaux et de diagonale 8 carreaux.
- 5 pentagones réguliers ont pour côtés (sur le cercle) : AB, DE, GH, JK et NP (en rouge)
- 5 pentagones réguliers ont pour côtés (sur le cercle) : 2-3, 5-6, 8-9, 11-12 et 14-15 (en bleu)

Dans chaque pentagone tracer un pentagone étoilé en joignant les milieux de chacun des côtés.

Pour finir, tracer un cercle de centre O de rayon 18 carreaux.

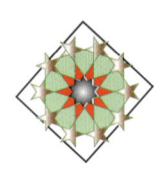

2-33 Ellipse d'or

Pentagone étoilé allongé

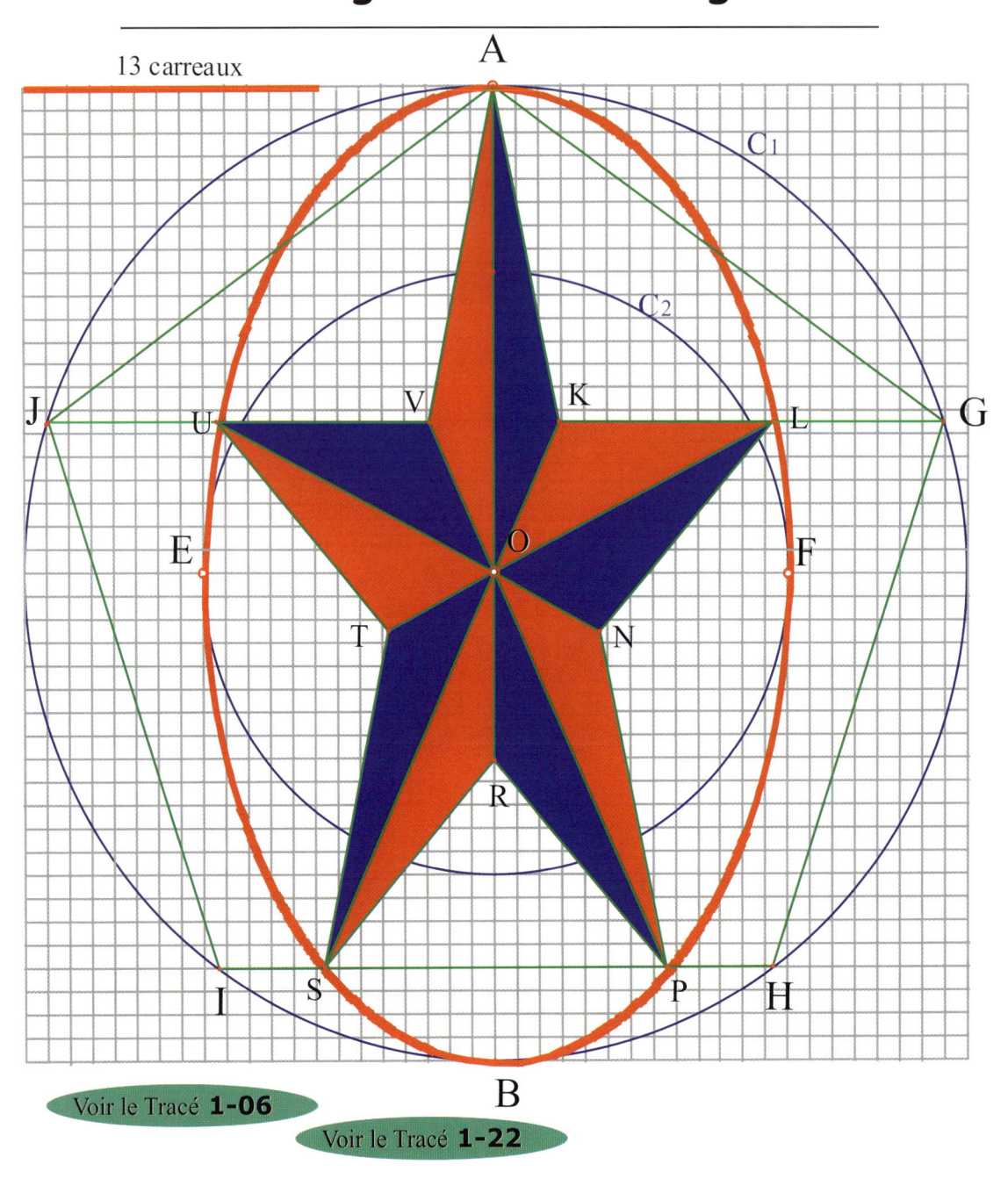

Soit deux cercles concentriques C_1 et C_2 de rayon 21 et 13 carreaux respectivement.
Soit l'ellipse d'or AFBE dont le grand axe AB = 42 carreaux et le petit axe EF = 26 carreaux.
AB/EF = 42/26 = 21/13 ≈ Φ.

Tracé du pentagone étoilé dans l'ellipse d'or
Dans le cercle C_1, on inscrit le pentagone AGHIJ.
[JG] coupe l'ellipse en U et L, [IH] coupe l'ellipse en S et P.
[AS] coupe [UL] en V et [UP] en T.
[AP] coupe [UL] en K et [LS] en N.
[LS] coupe [UP] en R.

On obtient un pentagone étoilé allongé inscrit dans l'ellipse d'or.

EXEMPLES DE DÉCORATIONS

Colombes

3-01 Rectangle d'or
perspective

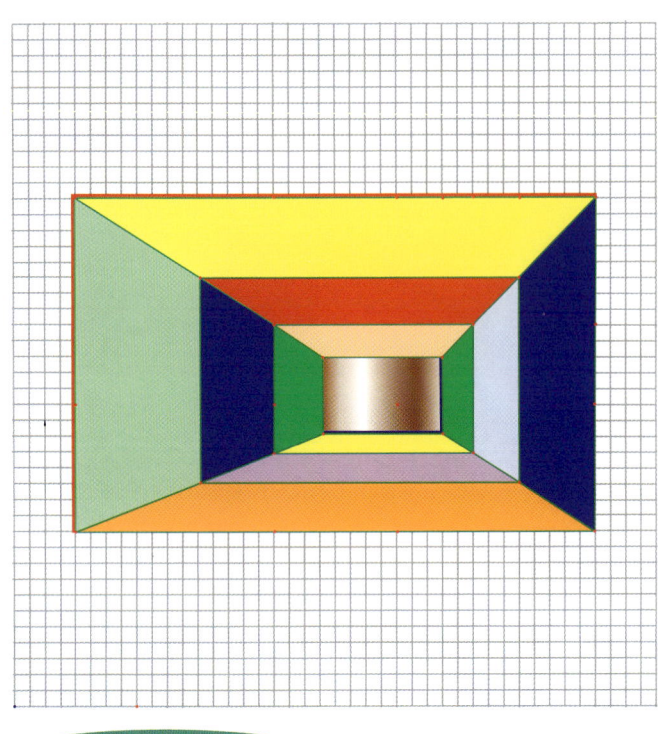

Voir le Tracé **1-04**

3-02 Pentagone
et losange

Voir la Matrice **2-05**

3-03 Pentagone
et spirale d'or

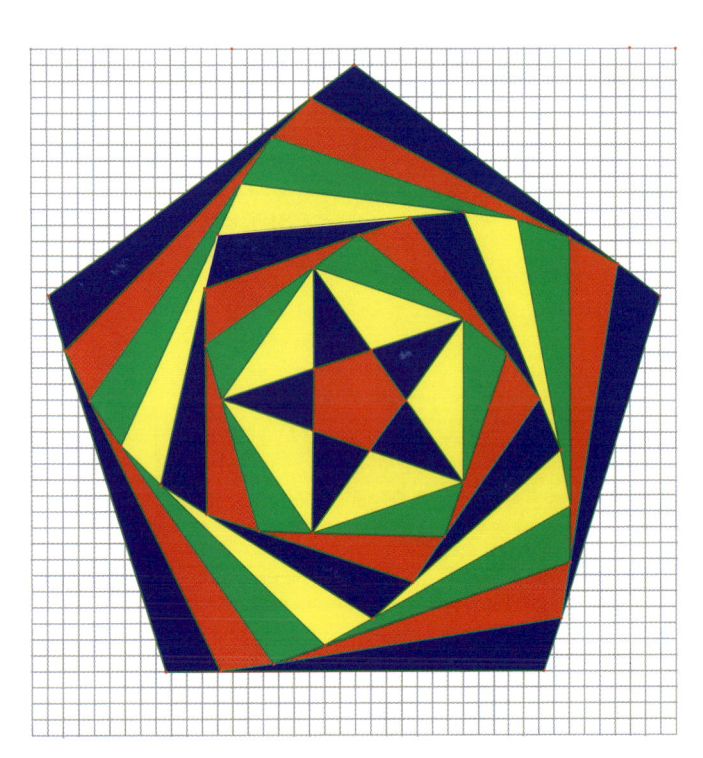

Voir la Matrice **2-07**

3-04 Heptagone
Ronde de triangles

Voir la Matrice **2-09**

3-05 Ennéagone
et flèches

Voir la Matrice **2-12**

3-06 Décagone
et ronde de pentagones étoilés

Voir la Matrice **2-24**

3-07 Décagone
et losanges

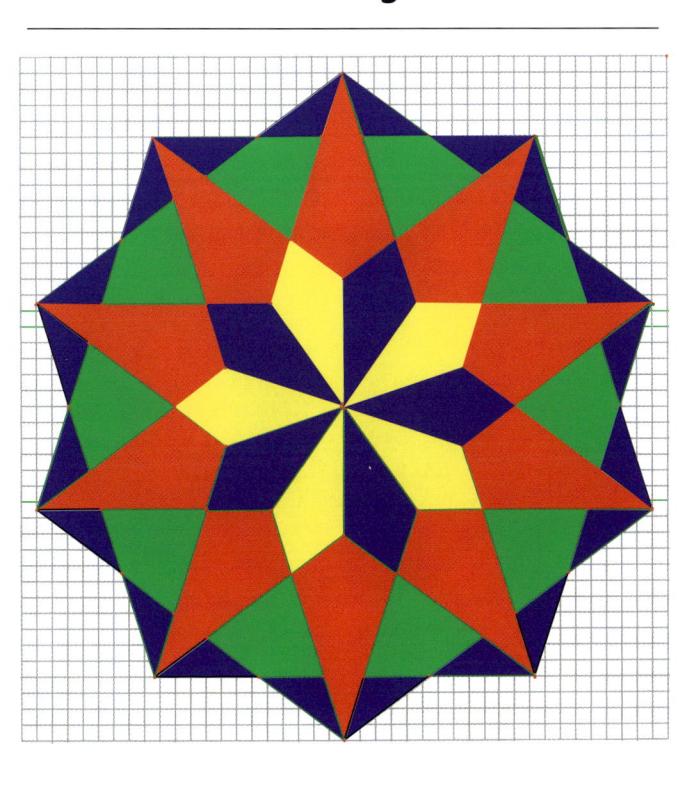

Voir la Matrice **2-15**

3-08 Hendécagone
et ronde de triangles

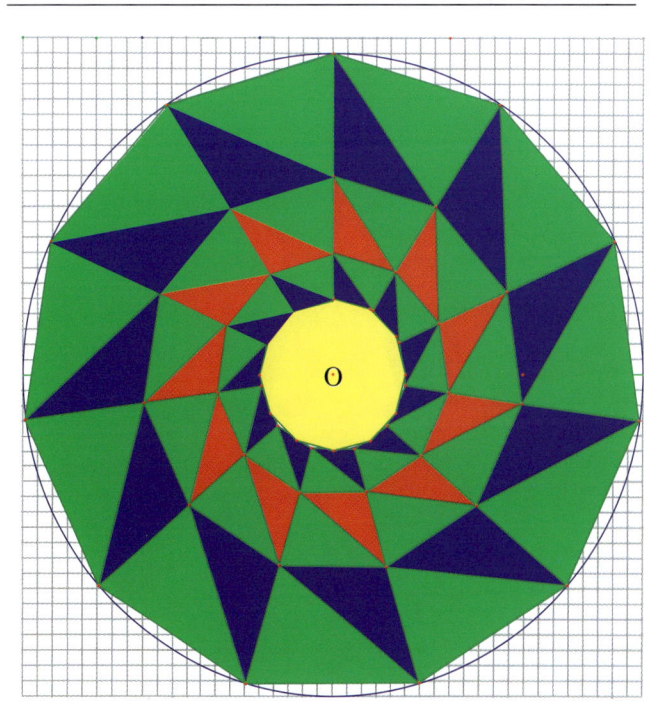

Voir la Matrice **2-27**

3-09 Dodécagone
flèches

Voir la Matrice **2-28**

3-10 Tétradécagone
triangles divins

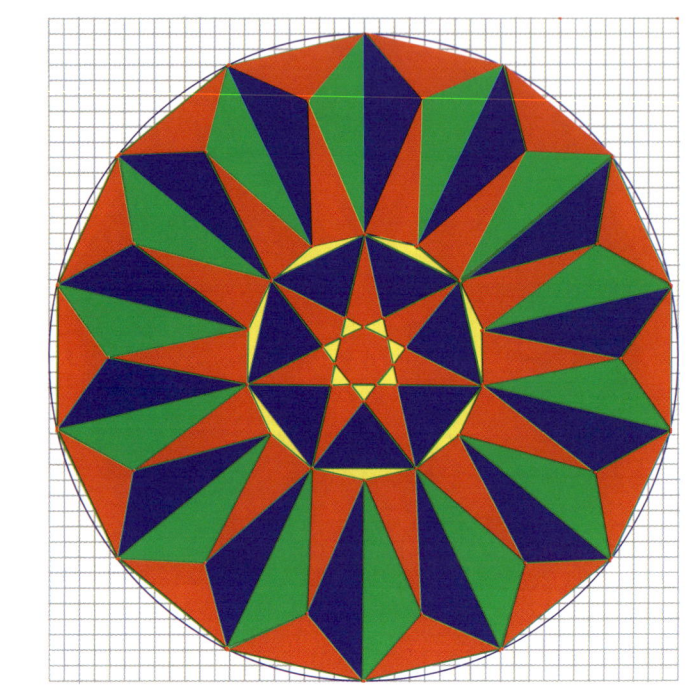

Voir la Matrice **2-30**

3-11 Pentédécagone
étoile à 15 branches

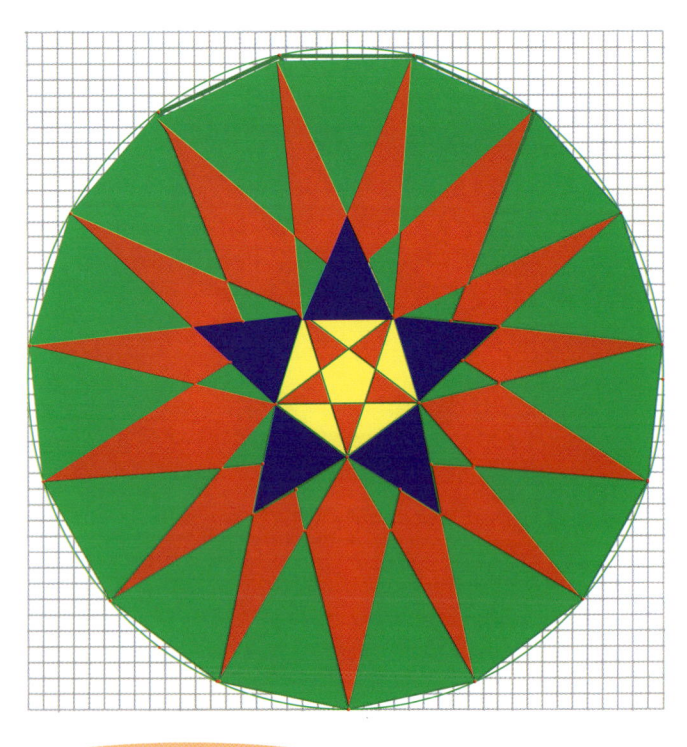

Voir la Matrice **2-31**

3-12 Pentédécagone
assiette étoilée

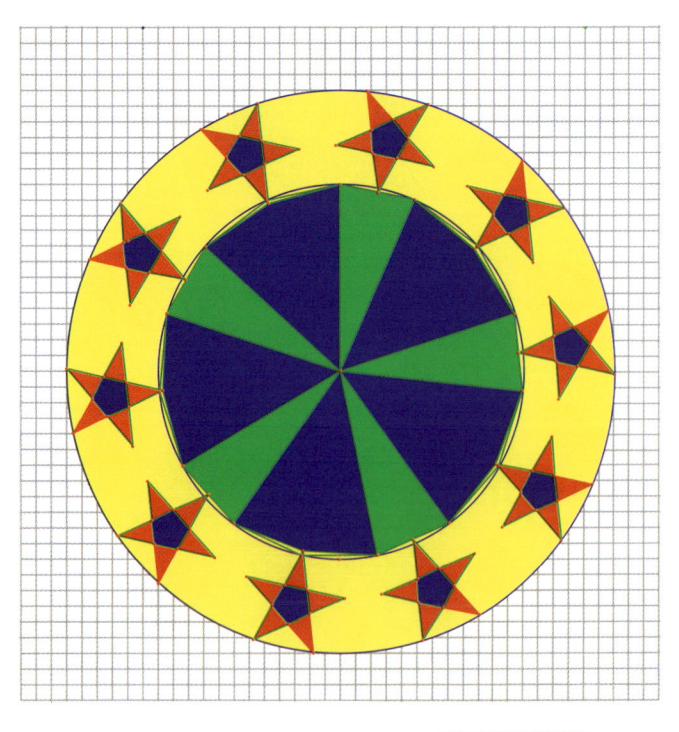

Voir la Matrice **2-32**

3-13 Ellipses d'or

Entrelacs de doubles Ellipses d'or

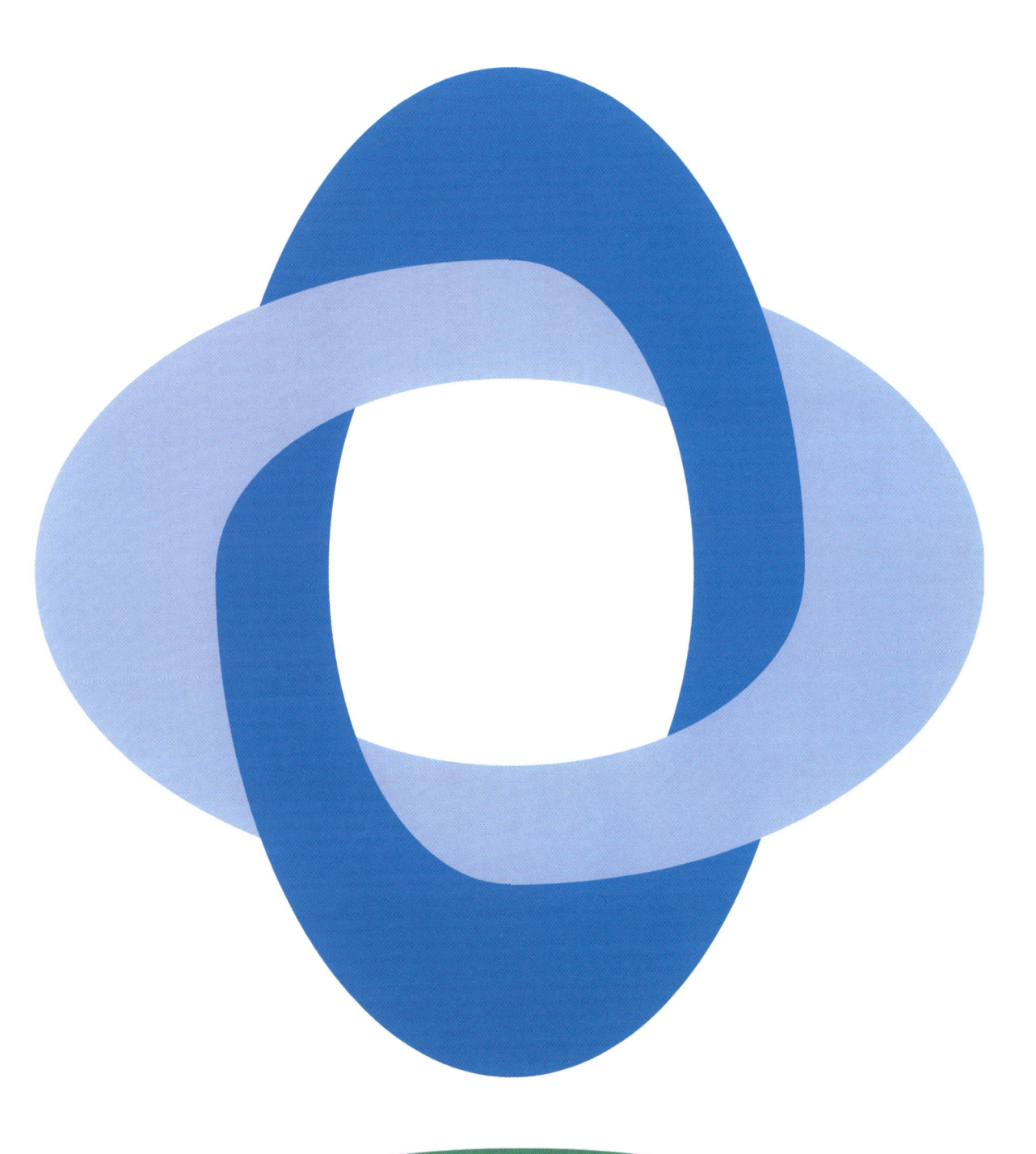

Voir les Tracés **1-22 et 1-23**

Lexique

Éléments d'étymologie grecque et latine

aki-	pointe	hexadéca-	seize
-cèle, -scèle (de skelos)	jambe	icosa- (de eikosi)	vingt
déca- deka)	dix	iso- (de isos)	égal
dia- (dia)	à travers	oct- (de octo, latin)	huit
dodéca- (dodeka)	douze	octodéca-	dix-huit
-èdre (-edros, de hedra)	face, base	pent(a)- (de pente)	cinq
ennéa-	neuf	penta- /pentédeca-	quinze
ennéadéca-	dix-neuf	poly- (de polus)	nombreux
-gone (-gônos, de gonia)	angle	rhomb(o)-	losange
hendéca- (hendeka)	onze	tétra- (tetra- de tettara)	quatre
hept(a)- (hepta)	sept	tétradéca-	quatorze
heptadéca-	dix-sept	tri- (tri-)	trois
hexa- (de hex)	six	tridéca-	treize

affine (fonction) : a et b étant deux réels, la fonction qui a tout réel x associe le nombre ax+b est appelée fonction affine. Si b = 0 alors la fonction est dite linéaire et on a f(x) = ax.

Al Kaschi (Ghamchid cil Mas'ud Ghiyat ad din al Kaschi), mathématicien persan du XVe siècle. Originaire de la ville persanne de Kashan. Auteur de *la cité de l'arthimétique* (1427).

Al Kaschi (formules d') : Dans un triangle, on a la relation $a^2 = b^2 + c^2 - 2bc\cos A$. entre les côtés a, b, c, et l'angle A (angle opposé au côté a). Dans un polygone régulier, on a la relation $a^2 = 2r^2(1 - \cos A)$ entre la longueur d'un côté a du polygone, le rayon r du cercle circonscrit au polygone et la mesure A de son angle au centre.

angle :
- au centre : dans un polygone régulier inscrit dans un cercle, c'est l'angle compris entre deux rayons joignant le centre du cercle à deux sommets consécutifs du polygone. Il est égal à 360°/n (n étant le nombre de côtés du polygone régulier). Un pentagone régulier (5 côtés) aura pour angle au centre 360° / 5 = 72°.
- intérieur : dans un polygone, c'est l'angle défini par deux cordes reliant trois sommets consécutifs. Les angles au centre et les angles intérieurs d'un même polygone sont supplémentaires (voir tableau des polygones réguliers, page 75).

angles remarquables : ce sont des angles qui peuvent être obtenus en se servant uniquement de la règle et du compas. Parmi eux, il y a tous les angles multiples de 18° (que l'on trouve dans le pentagone et le décagone). Voir aussi polygones réguliers.
Le tracé de la bissectrice de ces angles permet d'obtenir des angles 2 fois plus petits.

angles supplémentaires : ce sont des angles dont la somme est égale à 180°.

arc : on appelle arc de cercle toute portion de la circonférence déterminée par deux points pris sur la circonférence. Deux points distincts du cerlce déterminent deux arcs l'un de longueur inférieure ou égale àu demi périmètre et l'autre de longueur supérieure ou égale au demi périmètre, L'arc considéré est en général celui de plus petite longueur. Des arcs de même longueur sont sous-tendus par des cordes de même longueur.

corde : segment qui relie les extrémités d'un arc. Des cordes de même longueur sous-tendent des arcs de même longueur (à la condition de considérer les arcs de longueur inférieure ou égale au demi prérimêtre).

diagonale : tout segment joignant deux sommets non consécutifs d'un polygone

Euclide : mathématicien grec du IIIe siècle av. J.-C. et fondateur de l'école d'Alexandrie. Les six volumes de ses Éléments servent de base à notre géométrie élémentaire. Le partage en moyenne et extrême raison est expliqué dans le Livre V et le théorème dit de Thalès se trouve rigoureusement démontré pour la première fois dans le Livre VI.

Euclide (postulat d') : Par un point on ne peut mener qu'une parallèle à une droite.

Fibonacci (suite de) : suite de nombre définie par la donnée des deux premiers tcrmes et telle que chaque terme de la suite est égal à la somme des deux termes qui le précèdent, c'est-à-dire, où chaque terme augmenté du précédent donne le suivant. La plus connue est la suite classique 1, 1, 2, 3, 5, 8, 13, 21, 34, 55, 89, 144, etc. On a 3 + 5 = 8, 5 + 8 = 13, 13 + 8 = 21, etc. Très vite, sauf pour les tout premiers termes, le rapport de deux termes consécutifs de la suite tend vers le nombre d'or, Φ. Par exemple On a 34/21 = 1,615, 21/13 = 1,615 et 13/8 = 1,625 soit Φ à quelque millièmes ou centièmes près.

La suite de Fibonacci dont les deux premiers termes sont 1 et Φ est également une suite géométrique de raison Φ.

matrice de décoration : tracé géométrique porteur d'une dynamique qui engendre plusieurs formes.

nombre d'or : Le nombre d'or, désigné par la lettre Φ (phi), est aussi appelé divine proportion ou encore section dorée . Cette lettre grecque Φ a été choisie en hommage au sculpteur et architecte grec Phidias (Ve siècle av. J-C.) La valeur de Φ est $(1 + \sqrt{5})/2 = 1,618.../1$. Le nombre d'or a été expliqué pour la première fois par Euclide, sous le nom de partage en moyenne et extrême raison.

Partage en Moyenne et Extrême Raison (PMER) : partage ou division d'une ligne de telle sorte que la plus grande partie (a) soit moyenne proportionnelle entre la plus petite (b) et la toute (a+b). C'est le partage asymétrique d'un segment le plus logique et le plus harmonieux du fait de ses propriétés mathématiques.

Penrose Roger, 1931- : Physicien et mathématicien anglais. Roger Penrose est diplômé de l'université de Cambridge (géométrie algébrique). Un pavage de Penrose est un un pavage apériodique composé de plusieurs pièces différentes.

Phi (Φ) : c'est le nombre d'or[1]. C'est un nombre qui, augmenté de 1 est égal à son carré, c'est-à-dire qu'il vérifie la relation : $X + 1 = X^2$. On aura donc $\Phi + 1 = \Phi \times \Phi = \Phi^2$.
Mais aussi $\Phi^2 + \Phi = \Phi^3$, etc… Multiplier par Φ revient donc à additionner.
On sait que $\Phi \approx 1,618$ d'où $\Phi^2 \approx 1,618 \times 1,618$ ou $1,618 + 1 = 2,618$ et $\Phi^3 \approx 2,618 + 1,618 = 4,236$.

polygone (grec : poly- , nombreux ; -gonia , angle) : un polygone est une ligne brisée fermée, c'est-à-dire que les extrémités coïncident, et qui s'inscrit sur un même plan.
Un polygone régulier a des angles et des côtés égaux.
Un polygone est dit convexe quand il se situe entièrement du même côté d'une droite prolongeant l'un de ses côtés.
Dans un polygone, l'angle au centre A mesure 360°/n (n est le nombre de côtés.) Par exemple, si n = 8, A = 360°/8 = 45° (angle au centre de l'octogone régulier - polygone de huit côtés)

polygone étoilé : on obtient E(n/2-1) possibilités de polygones étoilés en traçant toutes les diagonales d'un polygone régulier convexe. Dans un pentédécagone (15 côtés) il y a 15/2-1=6,5 soit 6 pentédécagones étoilés disctincts. E() est la fonction partie entière. exemples : E(1,7) = 1 ; E(3,2) = 3 ; E(-2,4) = -3.

Polygones réguliers convexes

Nom	# de côtés	Angle au centre	Angle Intérieur	Particularités générales et correspondances Al Kaschi / Fibonacci
Triangle équilatéral	3	120°	60°	3 côtés égaux ; 3 angles égaux
Carré	4	90°	90°	4 côtés égaux
Pentagone	5	72°	108°	diagonale/côté = Φ
Hexagone	6	60°	120°	coté = rayon du cercle circonscrit
Heptagone	7	51,42° (approx.)	128, 58°	côté = 13 cx, rayon = 15 cx côté = moitié du côté du triangle équilatéral inscrit dans le même cercle
Octogone	8	45°	135°	diamètre / côté = Φ^2
Ennéagone	9	40°	140°	côté = 13 cx, rayon = 19 cx
Décagone	10	36°	144°	rayon / côté = Φ
Hendécagone	11	32,72	147,27°	
Dodécagone	12	30°	150°	
Tridécagone	13	27,70° (approx)	152,30°	diamètre/côte ≈ Φ^3
Tétradécagone	14	25,71° (approx)	154,29°	
Pentédécagone	15	24°	156°	côté = 5 cx, rayon = 12 cx

quine (des bâtisseurs). On appelle quine l'ensemble de cinq mesures en progression géométrique de raison Φ. Celles qui étaient gravées sur la canne des bâtisseurs[2] servaient d'étalon sur un chantier. Ces mesures se nomment la coudée, le pied, l'empan, le palme et la paume.

raison : raison signifie en général rapport. Le terme grec dont Euclide s'est servi se traduit par manière d'être d'une chose à l'égard d'une autre. La raison d'une ligne à une ligne, c'est la manière dont une ligne contient ou est contenue dans celle avec qui on la compare.

raison (d'une suite, ou d'une progression) : terme positif constant qui, multiplié par un terme d'une suite ou additionné avec lui, donne le terme suivant.

rectangle d'or : un rectangle dont le rapport Longueur / largeur = Φ.

secteur circulaire : portion de la surface d'un cercle délimitée par deux rayons et l'arc correspondant.

suite arithmétique, ou additive : suite de nombre dont chaque terme est égal au précédent augmenté par un nombre constant appelé raison.

suite géométrique : suite de nombres dont chaque terme est égal au précédent multiplié par un nombre constant appelé raison.

suite de Fibonacci : voir Fibonacci

Thalès (Théorème de) : Toute parallèle à l'un des côtés d'un triangle divise les deux autres côtés dans un même rapport.

Tracés régulateurs : dessins géométriques simples[3] permettant aux constructeurs d'organiser des plans et des volumes proportionnés basés sur le pied ou la coudée en se servant de la corde à nœuds et de la canne des bâtisseurs. Moyen de mettre en œuvre une construction complexe qui devait être accomplie par des ouvriers simples et illettrés. Chaque chantier avait sa canne, sa coudée de base d'où découlait les autres mesures. Ce qui importait était que le rapport entre deux mesures soit toujours égal à Φ dans un chantier donné pour la cohérence de la construction. Ce tracé doit être une trame invisible une fois l'œuvre accomplie. L'étude de plans d'abbayes ou églises romanes révèle de nombreux rectangles d'or et triangles sublimes.
Indices dans les pierres : à Chartres, le diamètre du cadran solaire que tient un ange est égal à la coudée sacrée de Khéops = 63,069 cm.

Triangle d'or :
on appelle triangle d'or tout triangle isocèle dont le rapport des côtés est fonction directe de Φ.
Parmi ces triangles, on en distingue deux particuliers : le triangle sublime et le triangle divin.
- triangle divin : un triangle isocèle dont le rapport base / côté = Φ.
  Les angles à la base (36°) sont le tiers (1/3) de l'angle au sommet (108°).
- triangle sublime (triangle d'Euclide) : un triangle isocèle dont le rapport côté / base ≈ Φ.
  Les angles à la base (72°) sont le double de l'angle au sommet (36°).
  On retrouve très souvent le triangle sublime dans les tracés régulateurs des constructions médiévales (églises ou abbayes, par exemple).

triangle orthique : c'est un triangle qui a pour sommet les pieds des hauteurs d'un autre triangle. Dans un triangle sublime, les différents triangles orthiques sont des triangles divins.

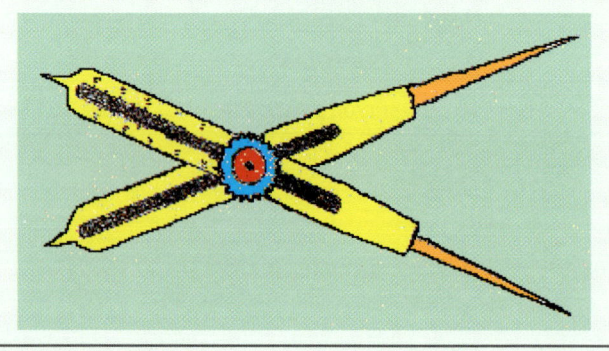

Compas de proportion. :
vous le découvriez dans le tome III des activités géométriques.

---

[1] HAKENHOLZ, Christian. 2001. Nombre d'or et Mathématique. Marseille : Chalagam.
[2] VINCENT, Robert. 2001a. Géométrie du nombre d'or. Marseille: Chalagam.
[3] CHALAVOUX, Robert. 2001. Nombre d'or, nature et œuvre humaine. Marseille : Chalagam.;

INDEX

Affine	8, 74
Al Kaschi	4
Anneau d'or	33
Approximation	4
Bissectrice	5
Carré	34
Colombes	60, 69
Décagone	4, 15, 24, 34, 48, 49, 50, 51, 53, 54, 55, 56, 57, 58, 59, 60, 61, 75
Dodécagone	26, 34, 63
Ellipse d'or	31, 32, 73
Ennéagone	23, 34, 47, 75
Entrelacs d'ellipses d'or	73
Entrelacs de pentagones	16, 43
Étoile	30, 38, 68, 71, 72
Fibonacci (suite de)	4, 74
Flèches	45, 47, 53, 54, 55, 56, 63, 71, 72
Hendécagone	25, 34, 62, 75
Heptagone	20, 21, 28, 34, 44, 70, 75
Hexagone	25, 34, 62, 75
Hexadécagone	22
Icosagone	24
Losange	17, 38, 39, 40, 50, 52, 53, 54, 55, 56, 63, 64, 65, 66, 70, 71
Mandorle d'or	33
Matériel nécessaire	4
Médiatrice	6
Méthode 13/8	4, 19
Milieu d'un segment	6
Nombre d'or	4, 75
Octogone	22, 34, 45, 46, 75
Octodécagone	23
Oculus	9, 61
Parallèle	7, 8
Phi	4, 75
Pentagone	4, 10, 14, 15, 16, 17, 18, 24, 25, 29, 30, 34, 38, 39, 40, 41, 42, 43, 48, 49, 50, 51, 58, 59, 66, 68, 70, 71, 72, 75
Pentédécagone	29, 30, 34, 66, 67, 72, 75
PMER	4, 19, 75
Perpendiculaire	6, 7
Point d'or	13, 75
Polygone de 24 côtés	34
Produit en croix	4
Puzzle	38, 39, 40, 41, 51, 52
Quine	120, 76
Rectangle d'or	13, 37, 70
Relief (Pentagone)	68
Rigueur dans les tracés	4
Ronde	57, 59, 62, 64, 67, 70, 71
Spirale	46
Spirale d'or	42, 70
Synthèse	34
Tétradécagone	20, 28, 34, 75
Tracés de base	5, 6, 7, 8
Triangles d'or	10, 11, 12, 36, 38, 39, 40, 41, 47, 53, 54, 55, 56, 58, 65, 70, 76
Triangle équilatéral	21, 28, 34.
Triangle orthique	35, 36, 41, 58, 76
Tridécagone	27, 34, 64, 75

Continuez votre route !

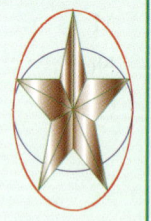

Avec le Tome I, vous avez fait de beaux tracés en construisant des rectangles (c'était des rectangles d'or, sans que vous le sachiez ...), des pentagones (5 côtés), des hexagones (6 côtés), des octogones (8 côtés) et des décagones (10 côtés). Grâce à eux, vous avez découvert des polygones réguliers convexes et des polygones étoilés.

Avec le Tome II, vous venez de découvrir des constructions faisant apparaître les triangles d'or – triangles sublimes et divins, le rectangle d'or, l'heptagone (7 côtés), l'ennéagone (9 côtés), l'hendécagone (11 côtés), le dodécagone (12 côtés), le tridécagone (13 côtés), le tétradécagone (14 côtés) et le pentédécagone (15 côtés). Vous savez aussi construire des ellipses et des anneaux d'or.

Ces dessins, parfois compliqués, vous ont permis de maîtriser l'usage de la règle et du compas. Vous avez décoré la classe ou votre chambre avec ceux particulièrement réussis. Félicitations!

Certains tracés n'ont pas d'explications complètes… il a fallu découvrir et cela vous a incité à créer. En adhérant à la dynamique de l'innovation mathématique, vous avez peut-être réalisé des patchworks, fait de la mosaïque, des vitraux ou autre œuvre d'art à partir du nombre d'or tel de la marqueterie, de la mosaïque, de la peinture, de la sculpture, du tournage sur bois ou même de la création de tissus, c'est-à-dire tout ce qui est relatif aux arts appliqués.

La méthode 13/8 et les valeurs 5, 8, 13, 21 et 34 ont un sens pour vous maintenant : c'est la quine, le bâton des bâtisseurs, une partie de la suite de FIBONACCI, le nombre d'or ou section dorée, ou encore divine proportion.

Je suis persuadé que ces activités géométriques vous font découvrir de nombreux joyaux car ils utilisent le nombre d'or, canon de Beauté et d'Harmonie. Ces divers acquis vous permettent de comprendre les constructions des Égyptiens, des Grecs et de nos devanciers les bâtisseurs romans du Moyen Age qui, avec l'art du trait, ont réalisé des constructions qui font toujours notre admiration.

Vous voici arrivés en pleine mer.

Alors avancez plus au large, continuez votre route et découvrez l'île au trésor en réalisant les constructions du Tome III. Vous y découvrirez les beaux dessins résultant des tracés géométriques – précis à quelque millièmes près - de la trisection de l'angle !

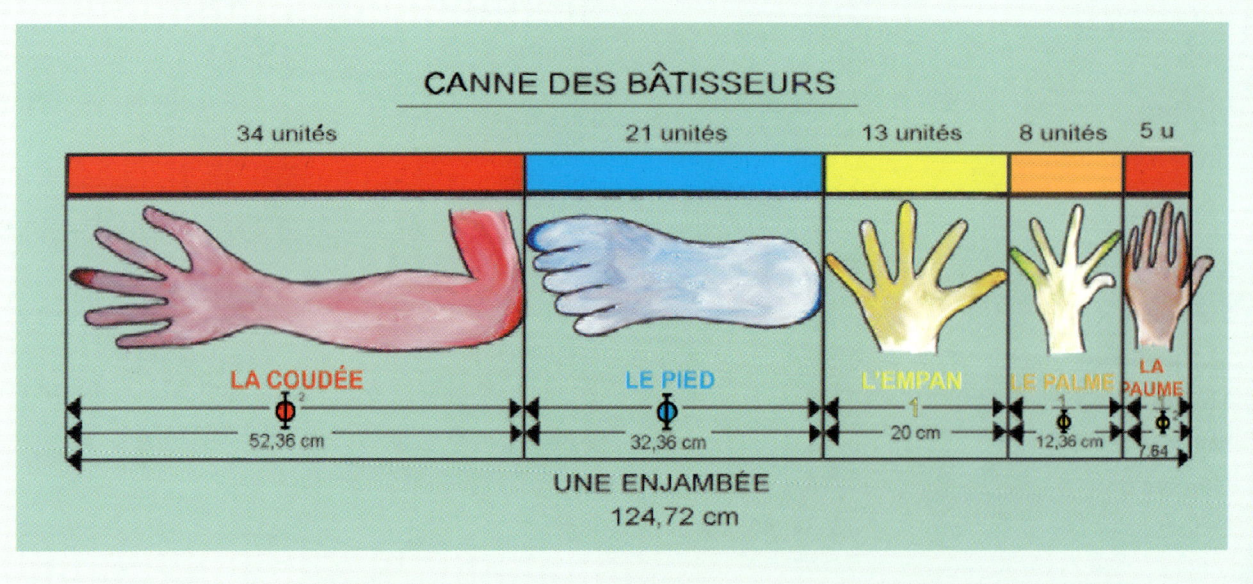

CANNE DES BÂTISSEURS

34 unités	21 unités	13 unités	8 unités	5 u
LA COUDÉE	LE PIED	L'EMPAN	LE PALME	LA PAUME
52,36 cm	32,36 cm	20 cm	12,36 cm	7,64

UNE ENJAMBÉE
124,72 cm